Diplomatie im Alltag

Carmen Kauffmann

Inhalt

Vorwort

Mit Diplomatie verbinden die meisten Menschen zunächst nur die große Weltpolitik. Sie denken: „Das hat mit mir nichts zu tun. Das machen die da oben." Dabei ist Diplomatie auch im Alltag hilfreich und notwendig. Nicht nur, wer Kinder hat, weiß, wie dringend erforderlich diplomatische Lösungen sind, weil man sonst oft stundenlang „das Geschrei" hat. Unter Erwachsenen äußert sich dies natürlich anders, aber auch hier hat undiplomatisches Verhalten negative Konsequenzen: langwierige Verhandlungen, Blockaden, albern anmutende Diskussionen etc. Viele dieser Wirrungen könnten vermieden werden, wenn die Beteiligten ein bisschen mehr Diplomatie walten lassen würden. Sie lohnt sich also – nicht nur in der Politik, sondern auch beruflich und privat: Das Leben wird vielleicht ein bisschen leichter und heiterer, die Beziehungen werden vertrauensvoller und wertschätzender, Verhandlungsergebnisse nachhaltiger, tragfähiger und besser.

Wie kann man aber Botschaften so transportieren, dass alle Beteiligten ihr Gesicht wahren können? Wie kommt man geschmeidig an sein Ziel, statt mit dem Kopf durch die Wand zu gehen? Wie verpackt man Unangenehmes für andere verträglicher? Antworten auf all diese Fragen und vieles mehr lesen Sie in diesem TaschenGuide.

Viele diplomatische Lösungen wünscht Ihnen

Carmen Kauffmann

Die Kunst der Diplomatie

Mit Diplomatie assoziieren wir meist Politik, schwer bewachte Botschaften und schwarze Limousinen. Dabei kann eine Portion davon auch unseren Alltag enorm erleichtern – und sie ist relativ leicht erlernbar.

In diesem Kapitel erfahren Sie u.a.,

- was man alles erreichen kann, wenn man diplomatisch durchs Leben geht,
- was wir uns von echten Diplomaten abschauen können,
- warum Diplomatie besser ist als ihr Ruf.

Eine Definition

Seit jeher war Diplomatie gefragt. Die Mächtigen dieser Welt nutzten und nutzen sie, um die Beziehungen zu anderen Staaten zu verbessern, zu pflegen und weiter auszubauen. Könige schickten ihre Abgesandten, um mit Freund und Feind Abkommen zu treffen, Kriege zu verhindern und Bündnisse zu schaffen. Auch heute noch werden internationale Verträge von Diplomaten ausgehandelt. Sie agieren im Auftrag ihrer Regierungen und versuchen, deren Interessen durchzusetzen. Die Fähigkeit, Diplomatie zu betreiben, ist eine der Kernkompetenzen eines Staates.

Doch was macht diplomatisches Handeln aus? Wann verhält man sich diplomatisch? Sir Winston Churchill brachte ein wesentliches Element auf den Punkt: „Ein wahrer Diplomat ist ein Mann, der zweimal nachdenkt, bevor er nichts sagt." Doch nicht nur auf das Schweigen im richtigen Moment kommt es an. Wer diplomatisch ist, der

- signalisiert den Willen, die Absichten, Wünsche und unterschwelligen Bedürfnisse jedes Beteiligten zu erkennen;

- sucht Win-win-Situationen, von denen alle profitieren;

- vermeidet es, andere bloßzustellen oder in die Enge zu treiben;

- sucht nachhaltige Lösungen, die langfristig einen Nutzen bringen, und nicht nur schnelle Erfolge, die sich später als riskant und folgeträchtig entpuppen.

Diplomatisch denken – diplomatisch handeln. Was schnell gesagt ist, fällt uns in der Praxis oft unendlich schwer. Dabei ist es in nahezu allen Lebenslagen – beruflich wie privat – sehr hilfreich, wenn man diplomatisch agieren kann und das auch immer öfter tut. Wer die hohe Kunst der Diplomatie beherrscht, hat viele Vorteile. Er kann seine Interessen bei anderen Menschen besser durchsetzen, ohne rücksichtslos zu wirken und verbrannte Erde zu hinterlassen. Er kann gemeinsam mit anderen zu Lösungen kommen, mit denen beide Seiten gut leben können.

Beispiel:

Klara ist ziemlich stolz darauf, die Dinge beim Namen zu nennen und auf den Punkt zu bringen. Leider eckt sie damit des Öfteren an und hat mittlerweile den Ruf, Haare auf den Zähnen zu haben. Ihr Motto: hart, aber gerecht. Georg, ihr Kollege, ist ganz anders. Er schafft es irgendwie immer wieder, auch unangenehme Themen so zu kommunizieren, dass seine Gesprächspartner sich nicht auf den Schlips getreten fühlen und gerne mit ihm gemeinsam nach Lösungen suchen. Er ist beliebt und gleichzeitig respektiert. Sein Motto: Nicht harte Fakten, sondern weiche Worte bringen das Eis zum Schmelzen.

Klara und Georg gehören einer Projektgruppe an, die regelmäßig am Freitagnachmittag um 14 Uhr einen Termin zur Besprechung des Projektstatus hat. Ihr Kollege Klaus kommt zu diesem Meeting jetzt schon zum wiederholten Male zu spät. Wenn er dann endlich sitzt, wirkt er abwesend und unkonzentriert. Klara ist schon drauf und dran, ihm die Meinung zu sagen und zu wettern, dass das so ja nicht ginge, man so nicht zusammenarbeiten könne und dass es respektlos und unverschämt sei, sie immer wieder warten zu lassen. Da hört sie Georg sagen:

„Hallo Klaus, Mensch, bei dir scheint ja ganz schön viel los zu sein." Klaus bejaht erleichtert und erzählt von diversen Problemen, die er sowohl beruflich als auch privat gerade zu schultern hat. Georg hört geduldig zu und erwidert dann: „Vielleicht ist ja in dieser schwierigen Situation ein Meeting am Freitagnachmittag für dich nicht wirklich praktisch. Gäbe es vielleicht einen anderen Termin, an dem du es leichter einrichten könntest?" Klaus denkt kurz nach, bedankt sich für das Verständnis und schlägt dann tatsächlich einen Termin vor, den er voraussichtlich besser einhalten kann.

Klara blickt beschämt vor sich hin. Hätte sie das ausgesprochen, was sie vorhatte, hätte sie ganz schön verbrannte Erde hinterlassen und den Kollegen damit wohl eher demotiviert. Georg hingegen hat mit seinen Worten das Gegenteil bewirkt und ihn ins Boot geholt – zu den Meetings danach kommt Klaus nun immer auf die Minute pünktlich und ist ganz bei der Sache. Wie hätten Sie diese Situation gestaltet?

Diplomatie im Alltag bedeutet vor allem, ein Wissen um die Bedeutung und den Wert von tragfähigen Beziehungen zu haben. Diplomatisches Verhalten heißt daher, sich möglichst oft und lange so zu verhalten, dass die Beziehung zu anderen auf eine positive Art und Weise gewahrt bleibt oder gestaltet wird. Wenn man erfolgreiche Leute nach dem Geheimnis ihres Erfolges fragt, dann betonen diese oft, wie wichtig vertrauensvolle und tragfähige Beziehungen sind. Sie sind sich dessen bewusst, dass es sich lohnt, die Aufmerksamkeit bei allen Begegnungen – egal ob beruflich oder privat – zuerst der Beziehung zu schenken. Hat man diese erst einmal positiv gestaltet, kommt man inhaltlich viel schneller zu besseren Ergebnissen. Diplomatie ist also kein Selbstzweck, sondern überaus effizient!

> Diplomatie bedeutet: Beziehung vor Inhalt.

Auch wenn diplomatisches Verhalten dem einen leichter fällt als dem anderen: Diplomatie ist nicht etwa Veranlagung und etwas, was uns in die Wiege gelegt wurde. Man kann lernen, sich diplomatisch zu verhalten.

Zugegeben: Introvertierte Menschen, deren Motto eher „Erst denken, dann sprechen" ist, sind hier ein wenig im Vorteil, da sie es gewohnt sind, über ihre Worte zuerst nachzudenken. Für extrovertierte Personen, die ihr Herz auf der Zunge tragen, die also nach dem Motto „Sprechen – Denken – Sprechen" handeln, ist diplomatisches Geschick eher eine größere Herausforderung.

Die Kernkompetenzen wahrer Diplomaten

Diplomatisches Verhalten stellt hohe Anforderungen an Menschen. Zum einen braucht es die Fähigkeit, sich seiner Verhaltensweisen und deren Wirkung bewusst zu sein. Dabei hilft es, von einer Metaebene aus – auch Hubschrauberperspektive genannt – zu beobachten, was sich in der Interaktion mit anderen abspielt. Das wiederum bedarf starker Fähigkeiten im Bereich der Selbststeuerung: wenn mein Temperament regelmäßig mit mir durchgeht und ich hinterher fassungslos vor dem Scherbenhaufen stehe, den ich verursacht habe, ist es für Diplomatie schon zu spät. Nur, wer in der Lage ist, die eigenen Gefühle, Gedanken und sein Verhalten zu steuern, hat eine

Chance, diplomatische Kompetenzen auszubauen. Bedenkt man dabei, dass viele Hirnforscher und Psychologen, u.a. die kanadische Expertin Danie Beaulieu, davon ausgehen, dass 95 % unseres Verhaltens aus archaischen Reflexen heraus gesteuert sind, wird klar, dass diplomatisches Verhalten kein ganz einfaches Unterfangen ist.

Zudem braucht es auch kommunikative Fähigkeiten. Nur derjenige hat eine echte Chance auf Erfolg, der in der Lage ist, Dinge geschmeidig und wertschätzend zu formulieren – eine Kompetenz, die vielen von uns in Kindheit und Jugend eher nicht vermittelt wurde.

Und last but not least: Diplomatisch kann nur derjenige sein, der eine Haltung von radikaler Wertschätzung für andere hat. Diese Haltung kann nicht simuliert werden. Nach den neuesten Erkenntnissen aus der Gehirnforschung und den Gesetzen der Spiegelneuronen spürt Ihr Gegenüber sofort, wenn Sie Wertschätzung heucheln – und dann geht der Schuss nach hinten los!

> Wenn es uns gelingt, diplomatisch durch die Welt zu gehen, werden wir dafür reich belohnt. Frei nach dem Motto „Der wahre Egoist kooperiert", macht sich das langfristig bezahlt. Nur derjenige, der in der Lage ist, mit anderen zu kooperieren kann davon auch und vor allem selbst profitieren.

Warum es in der Diplomatie keine Verlierer gibt

Wer sich diplomatisch verhält, strebt in Verhandlungen bzw. kontroversen Gesprächen mit anderen Win-win-Situationen an, von denen beide Seiten profitieren. Menschen haben je nach Persönlichkeit, nach ihren Vorbildern, entsprechend ihrem Umfeld oder auch ihrer Rolle und den damit verbundenen Anforderungen unterschiedliche Verhandlungsstile. Manche davon stehen uns intuitiv zur Verfügung, andere haben wir gelernt oder müssen wir lernen oder legen wir ausschließlich in bestimmten Situationen an den Tag. Die Verhandlungsstile werden im Folgenden kurz erläutert.

Kampf, Nachgeben, Rückzug

Je nach Temperament greifen Menschen instinktiv meistens auf einen der folgenden drei Verhandlungsstile zurück:

- Kampf: Die kämpferischen Zeitgenossen unter uns versuchen – oft unbewusst – auf Biegen und Brechen, ihre Interessen durchzusetzen. In den Bereich dieses Verhandlungsstiles fallen Strategien wie Druck aufbauen, Drohen, Erpressen, Bluffen, aber auch leisere wie Schmeicheln, sich hilflos stellen, sabotieren, boykottieren, Verbündete suchen, Informationen verschleiern. Allen diesen Strategien ist gemeinsam, dass sie verbrannte Erde auf der Beziehungsebene hinterlassen, was mittel- und langfristig zumindest zu Misstrauen von anderen, wenn nicht sogar zu Racheakten und ähnlichem führt. Hier gewinnt also keiner.

- Nachgeben: Harmoniebedürftige Menschen geben oft nach, in der Hoffnung, dass sich der andere das nächste Mal schon erkenntlich zeigen werde. Das wird jedoch kaum einmal passieren, denn ein kämpferisches Gegenüber lernt daraus für die Zukunft: Es funktioniert – mit dem kann man das ja machen. Die Gefahr, dass das Nachgeben als Schwäche ausgelegt wird, ist zumindest so lange im Raum, solange der Sinn des Nachgebens nicht kommuniziert wird und daran anknüpfend klare Erwartungen für die Zukunft artikuliert werden. Die Folge des Nachgebens: Man selbst verliert – inhaltlich und auf der Statusebene – der andere gewinnt.

- Rückzug: Rückzug findet vor allem dann statt, wenn vorher bereits viele Versuche, eine Lösung zu finden, gescheitert sind. Einer oder mehrere Beteiligte sind dann frustriert und haben weder inhaltlich noch menschlich Interesse an einer gemeinsamen Lösung. Dass in dem Moment alle Beteiligten verlieren, weil in einer solchen Situation kein Zugriff mehr auf Kompetenzen, Ideen und Engagement möglich ist, liegt auf der Hand.

Diese drei Verhandlungsstile haben mit diplomatischem Verhalten nichts zu tun. Sie entsprechen dem instinktiven Verhalten, das wir auch in der Tierwelt beobachten können: Angreifen, Weglaufen, Totstellen. Es handelt sich hier eher um reflexartiges Verhalten als um professionelles, geplantes, zielorientiertes Agieren.

Warum ein Kompromiss Verlierer schafft

Was viele Menschen im Lauf ihres Lebens gelernt haben, ist, Kompromisse zu schließen. Manchmal macht das auch durchaus Sinn. Oft ist das aber noch nicht die beste Lösung, sondern, wie der Volksmund so schön sagt, ein „fauler Kompromiss", die schnelle, bequeme Variante eben. Befragt man die an einem Kompromiss Beteiligten nach ihrer Zufriedenheit, fühlen sich oft alle als Verlierer: Jeder gibt ein bisschen nach und bekommt nicht das, was er sich ursprünglich vorgestellt hat. Daher ist ein Kompromiss oft nicht die beste Lösung, wie auch das stets im Zusammenhang mit dem sog. Harvard-Konzept – eine Verhandlungsmethode – zitierte Beispiel mit der Orange zeigt.

Beispiel:

Stellen Sie sich vor, Sie haben zwei Kinder, aber nur eine Orange. Die Kinder streiten, wer sie bekommt. Was macht der genervte Vater bzw. die genervte Mutter? Eher unkonventionelle Eltern ziehen vielleicht in Erwägung, sie selbst zu essen, obwohl sie weder Hunger noch Appetit haben – das wäre dann ein echtes Verlierer-Verlierer-Geschäft. Die meisten werden jedoch, um Ruhe zu haben, die Orange halbieren. Die Kinder bekommen so nur die Hälfte von dem, was sie eigentlich wollten. Das scheint auf den ersten Blick eine adäquate „Lösung" des Konfliktes, ist jedoch nur ein fauler Kompromiss.

Der Harvard-geschulte Vater und die Harvard-geschulte-Mutter würden dagegen zuerst und vor allem nachfragen: „Wofür brauchst du denn die Orange?" In unserem Beispiel stellt sich heraus, dass das eine Kind die Orange essen will, während das andere nur die Schale für einen Kuchen braucht. Et voilà: Jetzt kann jedes Kind zu 100 Prozent das bekommen, was es wollte. Rein durch das Fragen nach dem Bedürfnis, werden also 100 Prozent „Orange" für beide Kinder möglich – eine Win-win-Situation.

Das erscheint Ihnen zu konstruiert? Im echten Leben ist es oft noch viel extremer.

Beispiel:

 Mich rief ein Kunde an, für den ich schon Präsentationsseminare gegeben hatte und fragte, ob ich sie auch in englischer Sprache hielte. Nun spreche ich zwar gutes Konversationsenglisch, bin aber nicht für Business-Englisch ausgebildet und habe gar keine Lust, mich zu blamieren.

Was tun? Wie könnte hier eine Lösung aussehen, von der beide Seiten profitieren? Vermutlich kommen Sie hier gar nicht auf die Idee, dem Kunden einen klassischen Kompromiss anzubieten, weil er so absurd wäre: Der Vorschlag, man könne ja einen Tag Englisch sprechen und einen Tag Deutsch, wäre wohl für alle Beteiligten wenig zufriedenstellend. (Meine Hypothese ist ja, dass auch viele alltägliche Kompromisse ähnlich „schräg" sind.)

Mit dem Harvard-Konzept zur Win-win-Situation

Bleibt also nur die Variante, den Auftrag abzulehnen? Zum Glück stehen uns mit den Ansätzen des Harvard-Konzeptes, das von Juristen der gleichnamigen amerikanischen Universität entwickelt wurde, noch ein paar andere Türen offen. Ein Grundsatz dieses Konzepts lautet nämlich: Frage nach den Interessen und Bedürfnissen, nicht nach den Positionen!

Beispiel:

Ich habe den Kunden also gefragt, inwiefern es für ihn wichtig ist, dass das Seminar auf Englisch stattfindet. Seine Antwort war überraschend: Die Teilnehmer halten oft Präsentationen in englischer Sprache. Er wünschte sich daher, dass die Präsentationen auch darin geübt werden. Es handelte sich bei dem Unternehmen zwar um einen multinationalen Konzern, in dem Besprechungen oft auch auf Englisch abgehalten werden, aber die anvisierten Teilnehmer sprachen alle sehr gut Deutsch. Nachdem auch ich immer wieder Vorträge in englischer Sprache höre und englischsprachige Artikel lese, lag mein Vorschlag nahe: Ich bot an, dass die Teilnehmer ihre Präsentationen auf Englisch halten sollten, während ich meine Inputs und Feedbacks dazu in deutscher Sprache gebe. Mein Ansprechpartner hat kurz gestutzt – weil er auf solch eine Idee gar nicht gekommen wäre – und hat dann zugestimmt. Diese Lösung führte zu einer Win-win-Situation: Die Bedürfnisse des Kunden (nicht der vordergründige Bedarf) wurden komplett befriedigt und meine auch: Ich konnte meinen Kunden behalten.

Das Beispiel offenbart die Natur des Win-win-Denkens: Manchmal zeigen sich durch eine andere Haltung Lösungsvarianten für ein Problem, auf die man bei der Suche nach dem schnellen Kompromiss nicht gekommen wäre.

Und genau dort fängt Diplomatie an: Kooperation ist gefragt und Win-win-Denken.

Balanceakt zwischen Offenheit und Schöntuerei

Diplomatie ist nicht durchweg positiv belegt. Für viele hat der Begriff ein „G'schmäckle", wie wir in Schwaben sagen, also etwas Anrüchiges. Oft höre ich Menschen sagen: „Diplomatie? Das ist nichts für mich. Ich halte es mit der Wahrheit und sage geradeheraus, was ich denke. Bei mir wissen die Menschen, woran sie sind." Diplomatie wird hier also mit negativen Aspekten in Zusammenhang gebracht.

Was verbinden Sie mit Diplomatie?

Übung: Welches Bild von Diplomatie tragen Sie in sich?

Halten Sie hier alle Ihre Assoziationen, Gedanken, Gefühle und Bilder zum Thema „Diplomatie" fest. Eventuell denken Sie im Zusammenhang mit dem Begriff auch an bestimmte Menschen. Notieren Sie auch deren Namen. Ergänzen Sie dazu aus dem Bauch heraus immer wieder folgende Sätze:

- „Diplomatie ist ..."
- „Wer diplomatisch ist, ist ..."
- „Diplomaten sind ..."

Zu welchem Ergebnis kommen Sie? Verbinden Sie mit dem Begriff eher positive oder eher negative Aspekte? Denken Sie eher an sympathische oder an unsympathische Personen?

Warum jeder Wert einen Gegenwert braucht

Ihr Ergebnis lässt höchstwahrscheinlich auch einen Rückschluss auf Ihre Werte zu. Wem z.B. Offenheit und Ehrlichkeit wichtig sind, der tut sich mit Diplomatie auf einen ersten Blick oft schwerer als diejenigen, denen vor allem Harmonie am Herzen liegt. Das Leben ist aber nicht schwarz-weiß. Jeder Wert beinhaltet daher auch mögliche Schattenseiten, genauso wie in den von uns nicht so hoch geschätzten Werten vermutlich auch Qualitäten zu finden sind. Zum Verständnis dessen hilft ein Blick auf das „Wertequadrat", das der Kommunikationsexperte Friedemann Schulz von Thun entwickelt hat.

Die Idee des Wertequadrats lautet: Jeder Wert (jede Tugend, jedes Leitprinzip, jede menschliche Qualität) kann nur dann seine volle konstruktive Wirkung entfalten, wenn er sich in ausgehaltener Spannung zu einem positiven Gegenwert, einer „Schwestertugend" befindet. Ohne diese Balance verkommt ein Wert zu seiner entwerteten Übertreibung.

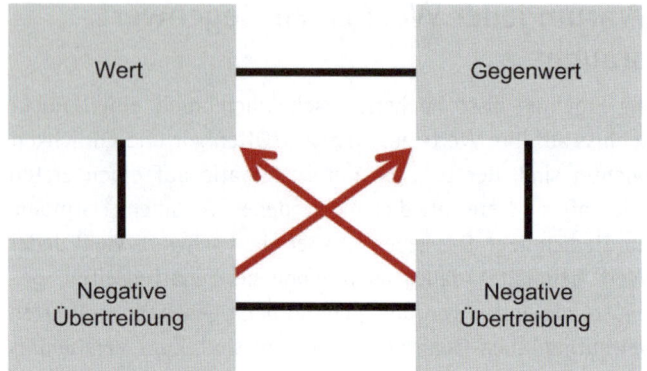

Das Wertequadrat nach Friedemann Schulz von Thun

Beispiel:

So braucht es neben der Sparsamkeit auch Großzügigkeit, um nicht zum Geizhals zu verkommen. Umgekehrt bewahrt die Balance mit der Sparsamkeit den Großzügigen vor der Verschwendung.

Die Entwicklungsrichtung im Sinne einer reifen, ausgeglichenen Persönlichkeit findet sich in den Diagonalen. „Wer die Sparsamkeit übertreibt und zum Geizigen wird, dessen Entwicklungspfeil zeigt zur Großzügigkeit. Komplementär empfiehlt es sich für den Verschwenderischen, die Sparsamkeit zu entwickeln", beschreibt es Friedemann Schulz von Thun.

Beispiel:

Der Geschäftsführer eines meiner Kundenunternehmen forderte einst in Gegenwart seiner ersten Führungsriege wiederholt in sehr barschem Ton, er wünsche sich mehr Offenheit im Team. „Mehr Offenheit!!!" Ich spiegelte ihm, dass aus seinem Munde

„Offenheit" eher nach Brutalität klänge. Die Mitarbeiter bestätigten hinter vorgehaltener Hand nachdrücklich diesen Eindruck: Der Geschäftsführer sei ausgesprochen brutal in seiner Kommunikation – und endlich hätte ihm das mal jemand gesagt. Dem Geschäftsführer fehlte, übertragen auf das Wertequadrat, zu der gemeinhin durchaus als Wert anerkannten Offenheit ein positives Gegengewicht, das die Werte in Balance hält.

Das Wertequadrat zum Thema „Diplomatie" kann dann z. B. so aussehen:

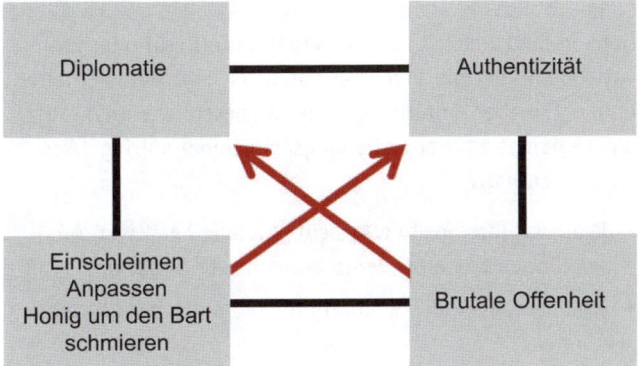

Wertequadrat „Diplomatie"

Wenn Ihre Assoziationen zum Thema „Diplomatie" sich eher dem Honig-um-den-Bart-Schmieren zuordnen lassen, verbinden Sie sie mit großer Wahrscheinlichkeit mit Unaufrichtigkeit, einem Verstellen und Ähnlichem. Das könnte dazu führen, dass Sie vor lauter Ablehnung des „Schleimens" zu eher brutaler Offenheit tendieren. Und dann geht laut Friedemann Schulz von Thun die Entwicklungsrichtung in die Diagonale – also in Richtung Diplomatie. In Bezug auf unseren Geschäftsführer aus dem Beispiel bedeutet das Folgendes: Er schreibt sich zwar Offenheit und Authentizität auf die Fahnen, kippt dabei aber offensichtlich – zumindest in den Augen der Anderen – eher auf die Schattenseite, nämlich in die Brutalität. Der Geschäftsführer täte gut daran, sich in Diplomatie zu üben, damit sein – durchaus anerkennenswerter – Wert „Offenheit" auch positiv zum Tragen kommt. Denn ohne Diplomatie droht Offenheit brutal zu werden.

Übung: Diplomatie im Lichte Ihrer Werte

Denken Sie zunächst an eine Situation in Beruf oder Privatleben, in der Sie sich zwar durchaus sehr offen verhalten haben, Sie aber hinterher das Gefühl beschlichen hat, dass das vielleicht auf der Beziehungsebene eher knifflige Auswirkungen hatte.

- Was war Ihre positive Absicht? Welche negativen Auswirkungen hatte Ihr Verhalten in dieser Situation?
- Wie hätten Sie diese Situation diplomatischer gestalten können?

Führen Sie sich dann eine Situation vor Augen, in der Sie sich hinterher geärgert haben, weil Sie vielleicht mit Ihrer wirklichen Meinung zu sehr hinterm Berg gehalten haben.

- Was war hier Ihre positive Absicht?
- Welche Auswirkungen hatte Ihr Verhalten auf Sie, Ihr Image, Ihr Standing?
- Wie hätten Sie zu sich und Ihrer Meinung stehen können, ohne dabei dem anderen auf die Füße zu treten?

Auf einen Blick: Die Kunst der Diplomatie

- Diplomatie ist für jeden nützlich, nicht nur für Staatsmänner. Wer diplomatisch agiert, kann seine Interessen bei anderen Menschen besser durchsetzen, ohne rücksichtslos zu wirken und verbrannte Erde zu hinterlassen. Er kann gemeinsam mit anderen zu Lösungen kommen, mit denen beide Seiten gut leben können.

- Nicht ohne Grund spricht man von der „hohen Kunst" der Diplomatie. Nur derjenige kann diplomatisch sein, der sich selbst gut steuern kann, der über kommunikative Fähigkeiten verfügt und seinen Mitmenschen Wertschätzung entgegenbringt. Das Gute daran: All das ist erlernbar.

- Wahre Diplomaten suchen Lösungen, von denen alle profitieren. Diese Win-win-Situationen ziehen sie Kompromissen vor, bei denen beide zurückstecken müssen.

- Viele assoziieren Diplomatie mit Schöntuerei. Sie sind der Meinung, dass nur Offenheit zum Ziel führt. Wie sonst im Leben auch, kommt es auch hier auf den goldenen Mittelweg an.

Die Grundsätze diplomatischen Handelns

Die großen Diplomaten unserer Zeit hatten alle eins gemein: Sie konnten sich in das Denken und die Gefühle ihres Gegenübers bestens hineinversetzen. Mit der richtigen Einstellung gelingt das auch im Alltag.

In diesem Kapitel erfahren Sie u. a.

- warum Diplomatie auch Gefühlssache ist,
- welche wichtige Rolle Bedürfnisse dabei spielen,
- was Gewaltfreie Kommunikation mit diplomatischem Verhalten zu tun hat.

Warum Diplomatie auch Gefühlssache ist

Beispiel:

 Klara, die uns am Anfang dieses TaschenGuides bereits begegnet ist und, wie dort bereits erwähnt, eine Freundin klarer Worte ist, hat nach einer Kundenbeschwerde ihrem Team eine Mail geschrieben mit dem kurzen, aber deutlichen Inhalt: „Leute, beim Angebot für unseren Kunden Schuster habt ihr völlig versagt!" Auf das verblüffte Nachfragen ihres Kollegen Georg, ob sie das wirklich so formuliert habe, erwidert sie: „Na klar, das ist ja auch die Wahrheit!"

Ganz abgesehen davon, dass es nicht die Wahrheit, sondern die Bewertung eines Verhaltens ihrer Mitarbeiter ist, richtet Klara mit einem solchen Verhalten immensen Schaden an. Sie ignoriert, was ihre Aussage emotional bei ihren Kollegen bewirkt: dass die Mitarbeiter ihr Gesicht verlieren und vermutlich in Zukunft nur noch wenig Interesse daran haben, ihr in irgendeiner Form positiv zuzuarbeiten. Kurz, sie hat mit ihrer Mail gegen alle Regeln der Diplomatie verstoßen.

Das Eisbergmodell

Das Eisbergmodell gibt Hinweise darauf, welche Aspekte jenseits der Zahlen, Daten und Fakten für eine gelungene Kommunikation und Zusammenarbeit ausschlaggebend sind. Es liefert damit gleichzeitig wichtige Ansätze für eine diplomatische Vorgehensweise.

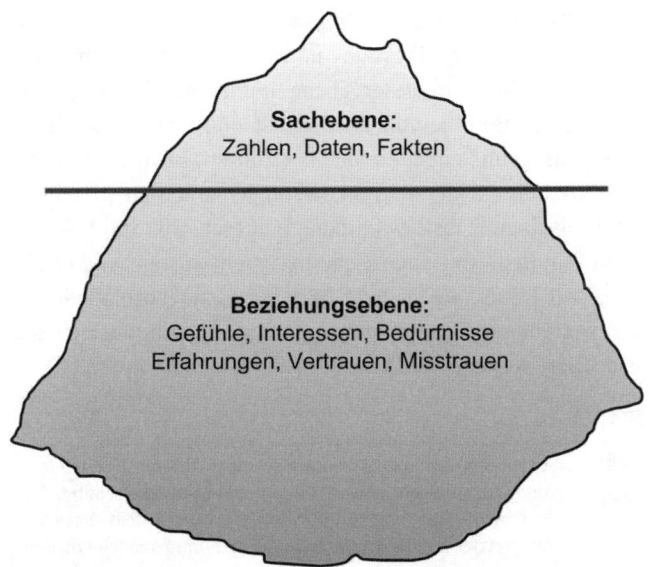

Das Eisbergmodell

Das Modell steht als Metapher für die Idee, dass – ob wir wollen oder nicht – in jedem Gespräch immer zwei Ebenen eine Rolle spielen: die Sach- und die Beziehungsebene.

Sachlich geht es in einem Gespräch meistens um den Austausch von Informationen, die sog. ZDF-Faktoren: Zahlen, Daten, Fakten. Doch das ist nur die Spitze des Eisbergs.

Zusätzlich schwingen, gewissermaßen unter der Wasseroberfläche, selten explizit angesprochen, aber dennoch mit sehr viel Kraft, Beziehungs- oder Gefühlsaspekte mit, so z. B. Sympathie oder Antipathie, Vertrauen oder Misstrauen, vergangene Erfahrungen mit der Person oder der Ruf, der ihr vorauseilt, Hierarchie-, Prestige- und Rollenerwartungen. Auch Emotionen sind auf dieser Ebene immer mit im Spiel. Die elementaren Gefühle von Wut, Angst und Trauer resultieren dabei aus grundlegenden nicht erfüllten Bedürfnissen. So entsteht unter anderem Wut, wenn jemand sich in seinem Bedürfnis nach Selbstbestimmung eingeschränkt fühlt, Angst, wenn sein Bedürfnis nach Sicherheit nicht ausreichend erfüllt wird, und Trauer, wenn seine Beziehungsangebote abgelehnt oder bestehende Beziehungen verletzt bzw. nicht ausreichend respektiert werden.

Beispiel:

 Stellen Sie sich vor, Sie haben in enger Absprache mit Ihrem Vorgesetzten einen Entwurf für einen Projektplan gestaltet. Als Sie diesen – stolz und zufrieden – präsentieren, teilt Ihnen Ihr Vorgesetzter mit, dass er wichtige Zusatzinformationen erhalten hätte und der gesamte Projektplan noch einmal grundlegend überarbeitet werden müsse. Ihr spontanes „Das ist jetzt nicht Ihr Ernst?!", ist zwar menschlich sehr nachvollziehbar, auf der Beziehungsebene aber kritisch. Das Bedürfnis der Vorgesetzten nach Respekt, sein Privileg, Entscheidungen zu treffen, und sein Interesse an Status und Anerkennung können dadurch empfindlich gestört sein. Am Ende sitzt er aber am längeren Hebel und wird sich – sofern er nicht sehr souverän ist – zu gegebener Zeit revanchieren.

Ein diplomatischer Mensch würde seinen Gefühlen in einer solchen Situation vielleicht so Ausdruck geben: „Oh, das ist jetzt für mich sehr irritierend, war ich mir doch ganz sicher, ganz entlang unserer Absprachen gearbeitet zu haben. Zwar ist es für mich etwas frustrierend, noch einmal ganz von vorne anzufangen, aber Sie sind der Chef, und am Ende ist das natürlich Ihre Entscheidung. Ich bitte Sie dann einfach, dass wir gemeinsam über meine To-do-Liste schauen, und dann entscheiden, welche anderen Projekte dafür hinten anstehen."

Wenn man die Idee aus dem Eisbergmodell konsequent weiterdenkt, leuchtet es ein, dass die Beziehungs- oder auch Gefühls- bzw. Bauchebene im Berufsalltag eine weitaus größere Rolle spielt, als uns das meistens bewusst ist. Während die Sachebene nur die Spitze des Eisbergs ist, sind Beziehungs- und Gefühlsaspekte bis zu 80 % ausschlaggebend dafür, ob ein Gespräch gelingt oder nicht. Wenn Sie also diplomatisch handeln möchten, schenken Sie – nachdem das „Was" Sie wollen klar ist – dem „Wie" sehr viel Aufmerksamkeit und Hirnschmalz – damit Sie Ihre guten Ideen auch wirksam an den Mann und an die Frau bringen.

Beispiel:

Georg, der uns am Anfang des Buches begegnet ist und dem Diplomatie und Beziehungen sehr am Herzen liegen, hätte den Gedanken seiner Kollegin Klara „Da habt ihr völlig versagt!", vielleicht in einer Mail so formuliert:

"Liebe Mitarbeiter, ich weiß um euer Bemühen, gute Lösungen für unsere Kunden zu finden, und schätze auch sehr, dass ihr eigenständig Lösungen angeboten habt. Außerdem weiß ich, dass ihr zurzeit alle sehr unter Druck steht. In diesem Fall hatte euer Vorgehen mit dem Kunden Schuster sehr unangenehme Auswirkungen für mich und uns. Der Kunde hat sehr aufgebracht und böse hier angerufen und es war nicht ganz einfach, ihn zu beruhigen. Zudem braucht es jetzt von uns allen sehr viel Zusatzaufwand, ihm einen neuen Vorschlag zu unterbreiten. Mir wäre es wichtig, dass ihr mich in Zukunft in solchen Fragen wieder einbindet. Für diesen Kunden brauchen wir jetzt schnellstmöglich ein alternatives Angebot.

Was braucht ihr jetzt von mir, um möglichst schnell ein wirklich
gutes und tragfähiges Angebot für Schuster zu entwickeln?"

Vielleicht fällt Ihnen – vermutlich sogar unangenehm auf –
dass die diplomatische Version sehr viel mehr Worte, Exkurse,
Erläuterungen und damit auch Zeit und Energie braucht. Und
ja: Diplomatische Kommunikation erscheint kurzfristig vielleicht aufwändiger – und ist es auch. Mittel- und langfristig
sparen Sie sich durch die aufgebaute positive Beziehung aber
vermutlich sehr viel mehr Zeit, Ärger und Aufwand, als Sie ihn
anfangs aufgewendet haben. Diese Idee hat der Bestseller-
Autor Stephen R. Covey mit der Metapher des „Beziehungs-
kontos" beschrieben.

Das Beziehungskonto

Stephen R. Covey beschreibt in seinem Buch „Die sieben
Wege zur Effektivität", dass es zwischen zwei Menschen, die
sich mehr als einmal begegnen, eine Art virtuelles Beziehungskonto gibt, auf das durch jede Aktion ein- oder aus-
gezahlt wird. Ähnlich wie bei einem echten Konto muss man
meist zu Beginn erst einzahlen, bevor man wieder abheben –
geschweige denn überziehen – darf. Je mehr prallvolle Beziehungskonten wir haben, desto einfacher, erfolgreicher, glücklicher und manche behaupten sogar gesünder wird unser
Leben verlaufen. Auch Geschäfte und Projekte funktionieren
effektiver, je stabiler Ihre Beziehungskonten bei Geschäfts-
partnern, Kollegen und Führungskräften sind. Sind sie auf Null
oder sogar im Minus, leiden meistens auch die sachlichen
Ergebnisse.

Covey benennt sechs Grundaktionen, durch die wir auf das Beziehungskonto einzahlen können:

1 Das Individuum verstehen

2 Auf Kleinigkeiten achten

3 Verpflichtungen einhalten

4 Erwartungen klären

5 Persönliche Integrität zeigen

6 Sich bei Abhebungen ehrlich entschuldigen

Ich füge diesen sechs Punkten an möglichen Investitionen auf das Konto noch einen weiteren hinzu:

7 Dank und Anerkennung

Nach meiner Beobachtung wirkt es sich sehr günstig auf das Beziehungskonto aus, wenn man jemandem – eventuell sogar öffentlich – seinen Dank oder sogar seine Anerkennung ausspricht. Das liegt daran, dass wir fast alle ein Bedürfnis danach haben, gesehen, gehört und geschätzt zu werden und auch Anerkennung zu ernten. Insofern reagieren die meisten Menschen darauf sehr positiv. Allerdings geschieht das nur unter einer Voraussetzung: Alles das muss ernst gemeint sein. Geheuchelte Anerkennung oder die Anerkennung für eine Banalität schlagen schnell ins Gegenteil um.

Wie Sie oben gesehen haben, gelingt Diplomatie nur, wenn man die Beziehung vor den Inhalt stellt und wenn man sich um radikale Wertschätzung des anderen bemüht. Diese sieben Handlungsempfehlungen leisten dabei Hilfestellung. Sie sind Anhaltspunkte dafür, wie Sie im Sinne der Diplomatie Beziehungen pflegen können. Ein echter Diplomat wird das Beziehungskonto permanent – zumindest bei jeder sich ergebenden Möglichkeit pflegen, um im „Ernstfall" ein solides Fundament zu haben. Beginne ich erst in dem Moment an die Beziehung zu denken, in dem ich etwas von jemandem will oder brauche, oder wenn es vielleicht sogar gerade schwierig wird, ist es oft viel mühsamer, zu einem guten, beziehungsneutralen Ergebnis zu kommen. Nicht zuletzt deswegen, weil wir uns sehr viel schneller ärgern oder wütend werden, wenn wir uns der Wertschätzung unseres Gegenübers nicht sicher sind.

> Seien Sie sich vor allem in Ihrer Gesprächsführung immer bewusst: Jede Äußerung verändert das Beziehungskonto – entweder zum Positiven oder zum Negativen! Nur ganz wenige Handlungen sind „beziehungsneutral" – die meisten haben tatsächlich Auswirkungen in die eine oder andere Richtung.

Übung: Analyse Ihrer Beziehungskonten

Machen Sie einen „Kassensturz": Führen Sie sich die Beziehungskonten zu unterschiedlichen Personen aus Ihrem persönlichen Umfeld vor Augen und beziffern Sie die Kontostände. Wählen Sie ein Konto aus, das weit im Haben ist, und ein anderes, das im Minus steht, und reflektieren Sie:

Was könnte der Grund sein, weshalb das eine Konto so stark im Plus ist? Wie verhalten Sie sich dieser Person gegenüber?

Weshalb ist das andere Konto im Soll? Was tun Sie hier nicht, nicht mehr oder stattdessen? Wenn Sie diese Beziehung ernsthaft ins Positive wenden wollen:

- Was sind Sie bereit zu tun, auszuprobieren oder zu lassen?

- Was haben Sie in dieser Konstellation noch nicht ausprobiert?

- Was bräuchte der andere von Ihnen besonders? Sind Sie bereit, ihm das zu geben?

Welche Rolle Bedürfnisse spielen

Die Bedürfnisse seines Gegenübers zu erkennen und auf diese einzugehen und sie zu bedienen, ist ein wichtiger Aspekt von Diplomatie. Einer der ersten, der sich systematisch mit den Bedürfnissen beschäftigt hat, war der US-amerikanische Psychologe Abraham Maslow. Er stellte fest, dass einige Bedürfnisse Priorität vor anderen genießen und entwickelte 1958 eine Bedürfnishierarchie, die später in einer Pyramide zusammengefasst wurde. Die menschlichen Bedürfnisse bilden dabei die „Stufen" der Pyramide und bauen aufeinander auf. Der Mensch versucht, zuerst die Bedürfnisse der niedrigen Stufen zu befriedigen, bevor er motiviert ist, die nachfolgenden Bedürfnisse zu erfüllen.

Bedürfnispyramide nach Maslow

Maslow selbst hat dieser Pyramide in späteren Jahren noch „die Krone aufgesetzt", indem er über das Bedürfnis nach Selbstverwirklichung noch das Bedürfnis nach Transzendenz, also nach Sinn, gestellt hat. Die Maslow'sche Bedürfnispyramide ist heutzutage umstritten, da sie wenig Raum für individuelle oder kulturelle Variationen bietet. Sie bleibt trotzdem eines der Basismodelle, um die verschiedenen Bedürfnisgruppen von Menschen zu identifizieren.

Stufe/Bedürfnis	Was dahinter steht
5 Selbstverwirklichung	Individualität, Talententfaltung, Altruismus, Güte, Kunst, Philosophie und Glaube, Ethik
4 Soziale Anerkennung	Status, Wohlstand, Geld, Macht, Karriere, sportliche Siege, Auszeichnungen, Statussymbole und Rangerfolge

Stufe/Bedürfnis	Was dahinter steht
3 Soziale Beziehungen	Freundeskreis, Partnerschaft, Liebe, Nächstenliebe, Kommunikation und Fürsorge
2 Sicherheit	Wohnung, fester Arbeitsplatz, Gesetze, Versicherungen, Gesundheit, Ordnung, Religion, Moral und Lebensplanung
1 Körperliche Grund- bedürfnisse	Atmung, Wärme, Trinken, Essen, Schlaf und Sexualität

Die unteren Stufen 1 bis 3 (sowie Teile der Stufe 4) nennt man auch Defizitbedürfnisse. Sie müssen befriedigt sein, damit man zufrieden ist. Wenn sie erfüllt sind, hat man jedoch keine weitere Motivation in dieser Richtung mehr (Beispiel: Wenn man nicht mehr durstig ist, muss man auch nicht mehr trinken). Wachstumsbedürfnisse können demgegenüber nie wirklich befriedigt werden. Diese treten auf der fünften Stufe auf, teilweise aber auch schon auf der vierten.

Warum es sich lohnt, auf die Bedürfnisse anderer einzugehen

Im beruflichen Kontext kommen erfahrungsgemäß vor allem das Bedürfnis nach Sicherheit und Zugehörigkeit sowie Statusbedürfnisse zum Tragen. Immer wenn Menschen fürchten, ihr Gesicht, ihre jetzige Position oder positive Beziehungen zu verlieren, werden sie je nach Persönlichkeit still, aggressiv oder blocken. Wenn Sie diese Bedürfnisse mitbedenken und bei Ihrer Argumentation berücksichtigen, dann werden Sie es viel leichter haben, Ihr Gegenüber diplomatisch auf Ihre Seite zu ziehen.

Beispiel:

Klara und Georg haben eine Idee entwickelt, wie sie einen internen Prozess beschleunigen können. Bei einer Teamsitzung präsentieren sie ihre Vorschläge. Anwesend ist auch der Kollege Attila, der den ursprünglichen Prozess vor vielen Jahren definiert hat. Während der Präsentation geht Attila immer wieder mit harten Attacken („Das ist doch alles Unsinn!"), Killerphrasen („Das haben wir noch nie so gemacht.") und sarkastischen Bemerkungen („Wenn wir das so aufziehen, machen die da oben uns einen Kopf kürzer.") dazwischen.

Klara tobt innerlich und ist drauf und dran ihm zu sagen, dass er sich ja nur so gegen die Idee sträube, weil sie beweist, dass der alte von Attila definierte Prozess eben nicht mehr gut und zeitgemäß ist. Er müsse sich halt auch Neuem öffnen – so ist das nun mal.

Georg versetzt sich in die Lage des Kollegen und überlegt sich kurz, was dieser wohl braucht. Attila scheinen zwei Bedürfnisebenen wichtig: Anerkennung für die damalige Leistung und Sicherheit und Status dahingehend, dass eine Änderung des Prozesses sich nicht negativ auf sein Image niederschlägt. In seine Argumentation baut Georg dementsprechend immer wieder kleine Einschübe ein, in denen er betont, wie ausgetüftelt der ursprüngliche Prozess entsprechend dem damaligen Know-how war, und dass man, um die neuen Vorschläge tragfähig zu machen, unbedingt auf Attilas Erfahrung im Umgang mit dem Prozess zurückgreifen wolle.

Attila entspannt sich nach diesen Sätzen sichtlich und arbeitet in der Folge kooperativ an neuen Varianten mit. Klara staunt.

Was Gewaltfreie Kommunikation mit Diplomatie zu tun hat

Der Psychologe Marshall B. Rosenberg vertritt die These, dass wir in unserer alltäglichen Sprache – bewusst oder unbewusst – oft Gewalt ausüben. Gewalt ist, wie Sie sich sicherlich schon gedacht haben, nicht gerade förderlich für ein diplomatisches Miteinander, steht dem sogar entgegen. Und auch sonst bringt sie uns im beruflichen und privaten Zusammenhang nicht sehr weit.

Beispiel:

Wenn der Chef in einer Teambesprechung äußert: „Also, der Vorschlag von Hermine gefällt mir viel besser als der von Herkules", und das vielleicht sogar nett meint – fühlt sich Hermine bestimmt geschmeichelt. Herkules aber wird sich schlecht fühlen, verliert sogar vielleicht dadurch sein Gesicht, ist vermutlich demotiviert. Oder er versucht sich bei der nächstbesten Gelegenheit zu rehabilitieren und Hermine zu übertrumpfen.

Im Seminar sagt ein Teilnehmer bei der Präsentation aus den Kleingruppen: „Wir fassen uns kürzer als die Vorgänger". Ein Blick in die Gesichter der Vorgänger zeigt, dass diese sich diskret „abgewatscht" fühlen.

Rosenberg hat als Vorschlag zu einer kooperativen Kommunikation das Modell der „Gewaltfreien Kommunikation" entwickelt. Sie liefert durch ihre Ausrichtung auf Bedürfnisse – die eigenen und die des Gegenübers – wertvolle Impulse für diplomatische Kommunikation.

In der Gewaltfreien Kommunikation gelten z. B. Vergleiche wie im Beispiel oben als Gewalt.

Beispiel:

 Gewaltfrei und damit auch diplomatischer wäre es im Beispiel oben, wenn der Chef die positiven Aspekte von Herkules' Vorschlag zunächst würdigte und dann – unabhängig davon – die Anerkennung für Hermines Idee aussspräche.

Auch im Modell von Rosenberg spielen Bedürfnisse eine wichtige Rolle. Er geht allerdings nicht wie Maslow von aufeinander aufbauenden Bedürfnissen aus, sondern von Bedürfnisgruppen, die in unterschiedlichen Lebensphasen oder auch in unterschiedlichen Kontexten unterschiedlich starke Motoren sind. So ist es zum Beispiel durchaus denkbar, dass Ihnen im Beruf „Status und Anerkennung" wichtig sind, wohingegen Sie privat sehr viel mehr Wert auf Zugehörigkeit und Harmonie legen. Bei manchen Menschen ist das auch umgekehrt – bei anderen identisch. Und selbst innerhalb Ihres Jobs kann es sein, dass Sie gegenüber Vorgesetzten ein starkes Bedürfnis nach Status und Anerkennung haben und Sie parallel dazu im Verhältnis zu Ihren Kollegen großen Wert auf Kontakt und Vertrauen legen. Bedürfnisse können also auch rollenspezifisch differieren.

Bedürfnisgruppen nach Rosenberg	Was steht dahinter?
Autonomie	Eigene Träume, Ziele, Werte, Pläne entwickeln, Freiheit
Integrität	Stimmigkeit mit sich selbst, Authentizität, Selbstwert, Sinn, Entwicklung
Spirituelle Verbundenheit	Schönheit, Harmonie, Inspiration, Ordnung, Struktur, Klarheit, Frieden

Bedürfnisgruppen nach Rosenberg	Was steht dahinter?
Feiern	Erfolge, Verlust und Abschied, Spiel, Freude, Lachen
Körperliche Gesundheit	Luft, Nahrung, Bewegung, Gesundheit, Ruhe, Ernährung, körperliche Nähe, Sexualleben, Unterkunft, Fürsorge
Kontakt	Akzeptanz, Nähe, Liebe, Zugehörigkeit, Wertschätzung, Respekt, Gemeinschaft, Wärme, Vertrauen, Verständnis, Geborgenheit, Rücksichtnahme, Unterstützung, Offenheit

Menschen werden immer dann bockig und gehen in den Widerstand, wenn sie ihre Bedürfnisse gefährdet oder gar abgewertet sehen. Wenn ich als Führungskraft zum Beispiel meinem Kollegen, der gerade weit ausholt (um vermutlich seinem Bedürfnis nach Bedeutung und Wertschätzung Raum zu verschaffen), in der Teamsitzung ein „Könnten Sie sich vielleicht mal kurz fassen?", entgegenschleudere, wird er nicht nur in seinem Versuch, sein Bedürfnis zu befriedigen, unterbrochen, sondern er verliert gleichzeitig auch noch vor den anderen das Gesicht – hat also doppelt verloren. Wenn ich als diejenige, die zur Kürze aufgefordert hat, hinterher in der Umsetzung aber auf den Kollegen angewiesen bin, wird er vermutlich kaum all sein Engagement in die Umsetzung stecken. Im schlimmsten Falle wird er sich sogar revanchieren, indem er meinen Ansatz sabotiert, um – auf einer vermutlich oft unbewussten Ebene – seinen Selbstwert zu rehabilitieren und seinem Bedürfnis nach Bedeutung nachzukommen. Wahrscheinlich braucht es hinterher sehr viel mehr Einfühlungsvermögen und Nacharbeit, um ihn wieder mit ins Boot zu holen. Hätte ich seine Bedürfnisse frühzeitig erkannt und wäre diesen, wie auch immer (explizit oder implizit), nachgekommen, wäre die Lösung geschmeidiger und diplomatischer möglich gewesen – und vermutlich auch effizienter. (Mehr zur Gewaltfreien Kommunikation im Kapitel „Die Strategien der Diplomaten".)

Auf einen Blick: Die Grundsätze diplomatischen Handelns

- Nicht harte Fakten, sondern Beziehungs- und Gefühlsaspekte sind ausschlaggebend dafür, ob ein Gespräch gelingt oder nicht. Diplomatie ist daher auch Gefühlssache.

- Diplomatische Lösungen funktionieren nur, wenn die Beziehungskonten der Beteiligten ausgeglichen sind. Wer dort immer nur abhebt, kommt schnell beim anderen ins Minus.

- Hinter jedem Verhalten stehen Bedürfnisse, die damit befriedigt werden sollen. Wenn Sie die Bedürfnisse der anderen bei Ihrer Argumentation berücksichtigen, können Sie sie leichter auf Ihre Seite ziehen.

- In unserer alltäglichen Sprache üben wir gegenüber anderen – bewusst oder unbewusst – oft Gewalt aus. Sie ist hinderlich für ein diplomatisches Miteinander. Wie wir lernen können, gewaltfrei miteinander zu reden, zeigt das Modell der Gewaltfreien Kommunikation.

Die Strategien der Diplomaten

Wer diplomatisch handelt, baut symbolische Brücken zu seinem Gegenüber, in deren Mitte man sich trifft. Wie im echten Brückenbau sind auch hier Techniken vonnöten, die man sicher beherrschen sollte, um dieses schwierige Vorhaben zu realisieren.

In diesem Kapitel erfahren Sie u. a.,

- dass die beste Technik nichts hilft, wenn es an Empathie und Wertschätzung mangelt,
- warum Diskussionen uns meist nicht sehr weit bringen,
- welche Gesprächsführungstechniken dabei helfen, diplomatisch zu sein,
- wie Gewaltfreie Kommunikation funktioniert,
- was die Konfrontationstechnik bewerkstelligen kann.

Nur wer authentisch ist, hat Erfolg

Die symbolischen Brücken zu unserem Gegenüber bauen wir auf der einen Seite durch Interesse, Empathie, Einfühlungsvermögen und Fragen, andererseits durch Wertschätzung und Respekt. Das bedeutet, man braucht dafür sowohl kommunikationstechnische Fähigkeiten als auch emotional-soziale. Die Fähigkeit, einen anderen Menschen in seiner Andersartigkeit zu akzeptieren und anzuerkennen, dass er völlig andere Interessen, Erfahrungen, Werte, Ideen etc. hat und haben darf, ist eine wichtige Voraussetzung auf der Persönlichkeitsebene, um diplomatisch zu agieren. Wem diese psycho-emotionalen Fähigkeiten fehlen oder wer ihnen keinen Raum, keine Aufmerksamkeit und keine Zeit schenkt, der wird mit großer Wahrscheinlichkeit auch mit den reinen „Techniken" wenig Erfolg haben. Mein Gegenüber spürt normalerweise durchaus, ob eine Frage, ein Satz, eine Zusammenfassung rein technischer Natur, also gelernt ist, oder ob sie auf dem Fundament echten Interesses und echter Empathie fußt. Nur dann werden die im Folgenden aufgeführten Methoden von Erfolg gekrönt sein. Authentizität ist an dieser Stelle ein viel genutztes Schlagwort und ein Schlüssel zum Erfolg.

Von der Diskussion zum Dialog

In unserem Berufsalltag dominiert oft die sog. Diskussionskultur. Man versucht, seine Meinung loszuwerden, recht zu haben, dem anderen zu beweisen, dass die eigenen Argumente die besseren sind. Diese Diskussionskultur wird uns im

Fernsehen in den meisten Talkshows vorgespielt. Dort hat sie auch eine Berechtigung: Talkshows dienen der Unterhaltung – sie sind eine Art moderne „Brot und Spiele"-Veranstaltung. Sie haben jedoch keinesfalls das Ziel, irgendjemanden zu überzeugen oder gar eine gemeinsame Lösung zu finden. Das Gegenteil ist der Fall, wie es die TV-Moderatorin Maybritt Illner in einem Interview treffend auf den Punkt brachte: Es gäbe nichts Langweiligeres als kooperative Talkshow-Gäste. Man stelle sich das bildhaft vor: Ein Gast versucht, einem anderen Verständnis zu signalisieren, dessen Bedürfnisse herauszufinden, um dann einen gemeinsamen Nenner herauszuarbeiten. Wie öde!

In anderen Bereichen, so auch im Berufsalltag, ist es dagegen oft weder ratsam noch hilfreich, Strategien aus der Diskussionskultur anzuwenden. Vor allem dann nicht, wenn man langfristig mit jemandem zusammenarbeiten oder leben möchte, auf dessen Kooperation und Vertrauen man angewiesen ist.

Viele Unternehmen versuchen heute, die sog. Dialogkultur zu entwickeln. Hier geht es im Gegensatz zum Rechthaben und „Argumenteloswerden" darum, sich gegenseitig zuzuhören, zu verstehen und den anderen Wertschätzung entgegenzubringen. Das Herausarbeiten der Gemeinsamkeiten, der Unterschiede und der Interessen ist dabei zwar vielleicht kurzfristig ein langwierigerer Prozess als eine knackige Diskussion – oder noch schlimmer – eine über das Knie gebrochene Abstimmung. Mittel- und langfristig hat das dadurch gewonnene Ergebnis aber zumindest eine viel größere Chance, zu einer tragfähigen Lösung zu führen. In diesem Kontext spielt Diplomatie eine wichtige Rolle.

Diplomatie ist die Kunst, seine eigenen Interessen mittels geeigneter Kommunikation so zu vertreten, dass

- der andere sein Gesicht wahren kann und
- die Beziehung gleichzeitig geprägt bleibt durch Respekt und Wertschätzung und
- bei allen potenziellen Lösungen auch die Interessen und Bedürfnisse des Gegenübers ausreichend gewahrt und gewürdigt werden.

Diplomatie schafft die beste Voraussetzung für eine Dialogkultur. Sie hält zahlreiche Techniken parat, um Brücken zu seinem Gegenüber bauen zu können: durch aufmerksames Zuhören, offene Fragen, die Wertschätzung für die Andersartigkeit des Gegenübers, das aufrichtige Bemühen, die Hintergründe seines Handelns und Argumentierens zu verstehen, Lösungen zu suchen, die auch die Bedürfnisse und Werte des anderen abbilden.

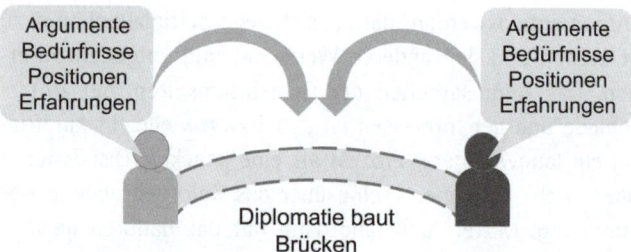

Diplomatie baut Brücken

Bedürfnisorientierte Argumentation

Im Berufsalltag sehen wir uns häufig in Situationen, in denen wir andere von unserer Meinung oder einer Idee überzeugen wollen. Wir argumentieren und argumentieren, merken jedoch bald, dass wir keinen Schritt weiterkommen beim anderen. Er scheint einfach nicht verstehen zu wollen, worum es uns geht. Wir bekommen ihn nicht auf unsere Seite. Ein möglicher Grund hierfür kann sein, dass unsere Argumentation an seinen Bedürfnissen vorbeigeht.

Beispiel:

Klara hat ein Marketingprojekt entwickelt und den Testlauf durchgeführt. Der Test ist vielversprechend gelaufen, und voraussichtlich sind mit der Aktion jede Menge Lorbeeren in Form von Aufmerksamkeit und Anerkennung der Firmenleitung zu gewinnen. Kollege Pfeiffer „riecht den Braten" und bittet Klara, ihm doch ein Foto des Aktionsstandes zu schicken, um dieses „nur zur Info" an die Firmenleitung zu schicken. Klara regt sich – verständlicherweise – furchtbar auf und argumentiert: „Aber das ist doch mein Projekt! Ich habe es von vorne bis hinten geplant und bis hierher durchgeführt. Warum willst DU denn das jetzt weiterleiten?" Pfeiffer ist mit allerhand logischen Erklärungen und Banalisierungen schnell zur Hand: „Ich weiß gar nicht, warum du dich so aufregst. Es ist doch nur eine kleine Mail und ich wollte eh gerade nochmal kurz an den Computer." Klara ist empört und sprachlos ob dieser Unverschämtheit, rennt an ihren Arbeitsplatz und schickt das Foto direkt und selbst an den Vorstand. Dem hat sie's gezeigt!

Georg, der sich in der Zwischenzeit ein wenig zu ihrem „Personal Coach" entwickelt hat, beobachtet sie schmunzelnd. Klara hält kurz inne, schaut ihn an und fragt: „Was? Das konnte ich mir doch nicht gefallen lassen, dass der mir hier die Butter vom Brot nimmt! Ich musste mich doch wehren." „Klar", sagt Georg, „unbedingt! Die Frage ist nur, wie das auch anders und geschmeidiger hätte funktionieren können. Dem Kollegen selbst hast du ja an dieser Stelle noch gar kein Signal gesetzt." „Okay", sagt Klara, „und wie hättest du es gemacht?"

Haben Sie schon eine Idee?

Georg schlägt vor: „Du hättest zum Beispiel direkt, als Pfeiffer dich gebeten hat, ihm das Bild zu schicken, so reagieren können: âÎHey, das ist eine super Idee! Da ich hier ja die Projektleiterin bin, fällt das in meinen Aufgabenbereich, das mache ich sofort! Danke für die Anregung!'" Clara schweigt und denkt nach …

Im letzten Kapitel haben Sie wichtige Faktoren kennengelernt, die es zu beachten gilt, um diplomatisch handeln zu können. Ein Aspekt, der dort aufgeführt wurde, war, auf die Bedürfnisse seines Gesprächspartners einzugehen. Wer im Sinne der Diplomatie klug argumentieren möchte, sollte sich auf die Bedürfnisse und Interessen des Gegenübers einstellen, um sie im Gespräch für sich nutzen zu können. Doch wie findet man heraus, welche das sind?

Hören Sie Ihrem Gegenüber aufmerksam zu. Welche Redewendungen und Worte nutzt Ihr Gesprächspartner? Welches Bedürfnis könnte dahinter stehen?

- Wenn er Schlüsselwörter wie „Sicherheit", „Risiko minimieren" oder „Kontinuität wahren" verwendet, kann das ein Indiz für ein ausgeprägtes Sicherheitsbedürfnis sein. Richten Sie dann Ihre Argumentation immer wieder darauf aus, welche Sicherheit ihm Ihr Vorschlag bringt.

- Erzählt Ihr Gegenüber viele status- oder symbolträchtige Geschichten, z. B. über seinen neuen Dienstwagen oder seine neue Position als Manager, oder lässt es bekannte Namen fallen, reagiert es vermutlich besonders gut auf Argumente, die ihm eine Verbesserung seines Status versprechen.

Stellen Sie dabei niemals das Bedürfnis oder Interesse Ihres Gegenübers in Frage. Mit Bemerkungen wie: „Ihnen geht es doch eh nur um Ihre Position", oder: „Sie trauen sich ja einfach nie, ein Risiko einzugehen", fühlt sich Ihr Gegenüber mit großer Wahrscheinlichkeit ertappt, demontiert und als Mensch abgelehnt. Um sich zu rehabilitieren, muss er dann Ihren Vorschlag entweder offen boykottieren oder – beinahe noch schlimmer – versteckt sabotieren.

In Verkaufsschulungen nennt man diese Form der Argumentation die Nutzenargumentation. Sie beinhaltet drei Bausteine.

Die Nutzenargumentation
1. Vorschlag: Wenn wir uns für Variante A entscheiden ...
2. Nutzen thematisieren: ... sparen Sie sich dadurch ...
3. Nutzen bedürfnisorientiert konkretisieren: Ärger/Zeit/Aufwand ...

Beispiel:

 Je nach Bedürfnis des Gegenübers bieten sich folgende Formulierungen an:

... sparen Sie sich dadurch ...

... gewinnen Sie dadurch ....

... haben Sie den Vorteil ...

... haben Sie die Möglichkeit ...

... setzen Sie sich von der Konkurrenz ab ...

... haben Sie die Chance ...

... setzen Sie Ressourcen frei für ...

... haben Sie den Kopf frei für ...

Gesprächsführungstechniken

Diplomatie ist vor allem eine Haltung, eine Einstellung. Sie repräsentiert ein bestimmtes Wertesystem. Sie wird für andere wahrnehmbar durch die Art und Weise, wie wir kommunizieren. Wer nicht diplomatisch sein will, kann Diplomatie also auch nicht simulieren, indem er stur bestimmte Techniken anwendet. Das Gegenüber wird die widersprüchlichen Signale garantiert wahrnehmen, wenn es einigermaßen sensibel ist. Dafür sprechen auch sämtliche Forschungsergebnisse im Bereich der Gehirnforschung und Neurobiologie.

Ist eine diplomatische Einstellung vorhanden, will man also mit anderen eine diplomatische Lösung, kann man ganz bewusst Gesprächstechniken anwenden, die dem anderen klar signalisieren: „Du bist mir wichtig. Ich respektiere dich und dein Anderssein. Unsere Beziehung ist mir wichtig. Ich möchte eine gute Lösung für uns beide finden."

Einige der wichtigsten Gesprächsführungstechniken sind im Folgenden erklärt.

Aktives Zuhören

Eine der einfachsten und besten Möglichkeiten, Einzahlungen auf das Beziehungskonto vorzunehmen (siehe hierzu das Kapitel „Die Grundsätze diplomatischen Handelns") und Brücken zu seinem Gesprächspartner zu bauen, ist das Aktive Zuhören. Es ermöglicht uns, andere besser zu verstehen. Indem ich aktiv zuhöre, signalisiere ich dem anderen, dass

- ich ihn verstehen möchte,

- er mir wichtig ist,

- ich bereit bin, auch auf Kleinigkeiten zu achten, um seinen Bedürfnissen Rechnung tragen zu können.

Aktives Zuhören ist vor allem in folgenden Situationen hilfreich:

- zu Beginn eines Gesprächs oder einer Verhandlung,

- wenn Sie von Ihrem Gegenüber mehr erfahren wollen oder müssen,

- wenn das Gespräch ins Stocken gerät,

- wenn Gefühle hochkochen, der Dialog also lauter und schneller wird,

- wenn unterschiedliche Interessen im Spiel sind und eine gemeinsame Lösung notwendig ist.

Es umfasst:

- das Nachfragen

- das Zusammenfassen und Gliedern

- das Paraphrasieren, d.h. in eigenen Worten wiederholen

- das Ansprechen unterschwelliger Gefühle, Bedürfnisse usw. des Gegenübers

Aktives Zuhören fällt uns oft ganz leicht, wenn wir entspannt sind und wir jemanden mögen. Mit der besten Freundin abends auf dem Sofa, mit dem Partner beim gemütlichen Essen tun wir das oft ganz automatisch.

> Vielen Führungskräften wird diese Form des Zuhörens als eines der wichtigsten Führungsinstrumente ans Herz gelegt.

Vielleicht kennen Sie also das Aktive Zuhören aus dem einen oder anderen Kontext sowohl in der Rolle des Zuhörers als auch in der Rolle desjenigen, der erzählt. Besonders großen Nutzen bringt die Technik vor allem dann, wenn Sie sie nicht nur aus Sympathie und entspannt im privaten Kontext anwenden, sondern wenn Sie diese Fähigkeit auch und gerade in angespannten Situationen aktivieren können.

Jede Geschäfts- oder Privatbeziehung kann es einen großen Schritt nach vorne bringen, aktiv gerade dann zuzuhören, wenn man den Impuls verspürt, dem anderen zu beweisen, dass man aber recht hat (vielleicht kennen Sie solche Momente sowohl im Berufs- als auch im Privatleben). Vor allem dann ist es wichtig, einen Schritt zurückzutreten, zuzuhören – und zwar komplett zuzuhören, mit dem aufrichtigen Bemühen, den anderen und seine Hintergründe, Bedürfnisse und Ideen zu verstehen und ihm das auch zu signalisieren. Das kann auf beiden Seiten neue und erfrischende Optionen zu Tage fördern.

Beispiel:

> Im Beispiel mit dem frechen Kollegen Pfeiffer wäre Klara Georg vermutlich verbal an die Gurgel gegangen, wenn er ihr Verhalten so kommentiert hätte: „Mensch Klara, jetzt reg dich doch nicht so auf, lass dich doch nicht immer so provozieren! Du musst doch einfach nur ruhig bleiben und das mit dem Kollegen klären ..." Nicht so mit aktivem Zuhören: „Das hat dich ganz schön geärgert, richtig erwischt, dass der die Frechheit besitzt, sich mit deinen Federn schmücken zu wollen." Klara würde ihm darauf

> sicher recht geben, worauf er fortfahren könnte: „Und ich ver-
> mute, dass es dir wichtig ist, dass du die Früchte deiner Arbeit
> selbst erntest ... und dass du sowohl vom Vorstand, als auch von
> Pfeiffer die Anerkennung bekommst, die dir gebührt ..." Da Georg
> sich hier tatsächlich in Klaras Situation eindenkt und -fühlt,
> bekommt er vermutlich dreimal ein beherztes „Ja" von ihr.

Selbst wenn man mit seiner Annahme einmal falsch liegt und
der andere entgegnet „Nein, nein, darum geht es mir gar
nicht!", ist das aus der Perspektive der Diplomatie gar kein
Problem, sondern im Gegenteil die Chance, seinen Gesprächspartner noch besser zu verstehen, indem man ihn bittet, doch
nochmal zu erläutern, worum es genau geht.

> Wenn du willst, dass man dir zuhört – dann hör zu!

Viele Menschen fürchten sich davor, dem anderen zu signalisieren, dass man ihn verstanden habe, da sie glauben, ihm
damit recht zu geben. Das lässt sich aber ganz leicht diffe-
renzieren: Verstanden ist nicht einverstanden!

Ich kann ja durchaus verstehen, dass mein Kunde möglichst
wenig Geld für mein Produkt bezahlen möchte – und ihm das
auch genau so sagen. Und auf der anderen Seite kann er
bestimmt genauso gut verstehen, dass ich möglichst viel
dafür bekommen möchte – und das auch genauso klar sagen
– am besten mit einem Zwinkern in den Augen oder einem
Lächeln im Gesicht.

Das Gegenteil des Aktiven Zuhörens sind Bewertungen und
Einschätzungen, Korrekturen, das Mitteilen eigener Erfahrungen oder das Erzählen von Geschichten. Auch wenn man dem

anderen ungefragt einen Tipp oder einen Ratschlag gibt, hat das nichts mit Aktivem Zuhören zu tun.

Fragetechniken

Auch Fragen sind eine sehr elegante Möglichkeit, Brücken zum Gesprächspartner zu bauen. Es werden grundsätzlich zwei Formen von Fragen unterschieden: offene und geschlossene. Geschlossene Fragen sind solche, auf die man nur mit Ja oder Nein antworten kann. Sie eignen sich besonders gut für das Ende von Gesprächen oder um ausschweifende Sprecher auf den Punkt zu bringen.

Beispiel:

„Ich schlage vor, wir machen ... Sind Sie damit einverstanden?"
„Wissen Sie, ob die Studie unsere Beobachtung bestätigt hat?"
„Haben Sie die Vertragsunterlagen ausgearbeitet?"

Im Gesprächsverlauf erweisen sich geschlossene Fragen aber oft als Kommunikationsbremsen. Offene Fragen, auch W-Fragen genannt, bringen mehr Schwung und vor allem auch Informationen. Sie werden durch die folgenden Fragewörter eingeleitet.

▪ Wer?	▪ Wie?	▪ Was?
▪ Wofür?	▪ Wie lange?	▪ Wohin?

Schwieriger, weil auf der Beziehungsebene oft als Angriff verstanden, sind die Fragen:

▪ Wieso?	▪ Weshalb?	▪ Warum?

Ersetzen Sie diese am besten durch „Wofür?" oder „Inwiefern?" und beobachten Sie die Unterschiede in der Auswirkung auf das Gespräch, vor allem was die Atmosphäre und die Beziehung betrifft.

Beispiel:

 Klara und Georg haben einen neuen Kollegen, Tobias, der sich die Prozessabläufe in ihrer Abteilung einfach nicht merken kann. Eines Tages stellen sie fest, dass eine wichtige Terminsache liegengeblieben ist, weil Tobias sie nicht auf Wiedervorlage gesetzt hat. Klara und Georg suchen das Gespräch mit Tobias. Klara poltert: „Warum hast du das denn schon wieder vergessen?" Georg fragt ruhig: „Wie kam es denn, dass du den Vorgang nicht auf Wiedervorlage gesetzt hast?" Erkennen Sie den Unterschied?

Hilfreich sind manchmal auch konkretisierende Fragen:

- Was genau?
- Wie genau?
- Wo genau?

Sie sind vor allem bei unentschiedenen Gesprächspartnern, bei Verallgemeinerungen und Killerphrasen hilfreich.

Beispiel:

 Wenn Ihr Gegenüber auf einen Vorschlag, den Sie einbringen, mit einer Killerphrase wie „Das funktioniert ja überhaupt nicht!", reagiert, ist die Versuchung relativ groß, darauf mit einem Gegenangriff zu reagieren. Versuchen Sie stattdessen einmal Folgendes.

Aktives Zuhören: „Aha, Sie halten meinen Vorschlag so also nicht für realisierbar?" (holen Sie sich damit ein „Ja" ab und fahren Sie erst dann wie folgt fort.)

Konkretisierende Frage: „Was genau erscheint Ihnen denn optimierungsbedürftig?" (Antwort Ihres Gegenübers: „...")

Lösungsorientierte Frage: „Was schlagen Sie als Variante vor?"

Wenn Sie so vorgehen, kann der andere sein Gesicht wahren, fühlt sich – ganz im Sinne der Diplomatie – ernst genommen und gehört und wird noch dazu für eine gute Lösung in die Pflicht genommen – all das lässt sich mit klugen Fragen steuern und erreichen.

Lösungsorientierte Gesprächsführung

Wer fragt, der führt. Dieser Grundsatz stimmt in der Regel. Wie wir bereits im Abschnitt zuvor gesehen haben, können gut platzierte Fragen ein hilfreiches Mittel in der Gesprächsführung sein. Leider führen jedoch viele Menschen mit ihren Fragen sich und den anderen – ohne es zu merken – direkt in den Schlamassel. Denn: Es genügt nicht, Fragen zu stellen, um zu führen. Man muss sich auch darüber bewusst sein, in welche Richtung man seinen Gesprächspartner führen möchte.

Der direkteste Weg in eine schwierige Situation führt meist über ein „Warum?". Beobachten oder reflektieren Sie einmal, wie ein Gespräch in einer ohnehin schon angespannten Atmosphäre sich entwickelt, wenn einer der Beteiligten z.B. fragt: „Warum ist dieses Produkt nicht termingerecht fertig geworden?" Welche Antworten bekommen Sie typischerweise auf diese Frage? Genau! Antworten, die geprägt sind von Schuldzuweisungen, Rechtfertigungen, Ursachenforschung, Problemdenken, Ausreden, Ablenkungsmanövern, Gegenangriffen und und und. Die Natur der Frage bestimmt also die Natur der Antwort.

Stellen Sie sich vor, wir hätten in unserem Gehirn zwei Räume, einen Problem- und einen Lösungsdenkraum. Im Problemdenkraum ist alles Problematische in unserem Leben versammelt: aktuelle Probleme, Vorwürfe von anderen, alte belastende Geschichten, Unrecht, das uns geschehen ist, Schuld, die wir auf uns geladen haben. Im Lösungsdenkraum finden wir dagegen Positives, also unsere Möglichkeiten und Chancen, Optionen und Angebote.

Kommen wir nun zurück zur Warum-Frage. Sie führt in den allermeisten Fällen direkt in den Problemdenkraum. Und was finden wir dort natürlich nie? Klar, eine Lösung, denn dafür müsste man das Gespräch in den Lösungsdenkraum lenken.

Wenn Ihr Gespräch im Problemdenkraum stattfindet, geht es ausschließlich um Probleme. Hier sind Gespräche bestimmt durch die dort herrschenden Vorwürfe und Rechtfertigungen – also auch durch die Angst, sein Gesicht zu verlieren. Sie sind sehr belastend für die Beziehungsebene und insofern weit weg von jeglicher diplomatischer Ausrichtung. Solche Gespräche kosten extrem viel Zeit und Nerven und enden meist ohne Ergebnis. Denn wer will schon sein Gesicht verlieren? Es lohnt sich also, sich während eines Gesprächs immer wieder in die Metaebene, also in die Hubschrauberperspektive, zu begeben und eine kurze Standortanalyse vorzunehmen: In welchem Raum bewegt sich die Unterhaltung gerade?

Übung: Problem- oder lösungsorientiert?

Gehen Sie kurz in Gedanken Ihre letzten Sitzungen, Gespräche oder Besprechungen durch. In welchem „Raum" haben diese vorwiegend stattgefunden? Im Problem- oder im Lösungsdenkraum?

Sollten Sie unglücklicherweise im Raum der Probleme gelandet sein, gehört es zu einer der großen diplomatischen Kompetenzen, das Gespräch (wieder) in den Raum der Lösungen zu führen. Wie funktioniert das aber?

Ein möglicher Weg führt über sog. lösungsorientierte Fragen. Sie sind in die Zukunft gerichtet und fokussieren nicht das Problem, sondern die Lösung.

Beispiel:

 Was schlagen Sie vor?

Welche Möglichkeiten sehen Sie jetzt?

Wie kommen wir am schnellsten weiter?

Was wäre ein kluger nächster Schritt?

(Lösungsorientierung in der einfachsten Form:) Was machen wir jetzt?

Weitere Wege fort von den Problemen führen über eigene Vorschläge und Angebote an den Gesprächspartner oder das Aufzeigen von Lösungsvarianten und Optionen.

Beispiel:

Wenn ich das richtig verstanden habe, bekommen Sie nach dem heutigen Stand der Dinge die Präsentation heute nicht fertiggestellt. Morgen früh ist Vorstandssitzung. Was brauchen Sie von mir?/Wie kann ich Sie unterstützen, damit die Präsentation morgen früh um 9 Uhr bei mir auf dem Tisch ist?

Das Band steht also still. Welche Alternativen haben wir, die Teile intern anders zu fertigen?

Du hast es also nicht zum Einkaufen geschafft. Die Supermärkte haben jetzt zu. Was machen wir jetzt?

Die Deckel für die Kundengeschenke sehen nicht aus wie gewünscht. Welche Möglichkeiten haben Sie, mir möglichst schnell Ersatz zu beschaffen?

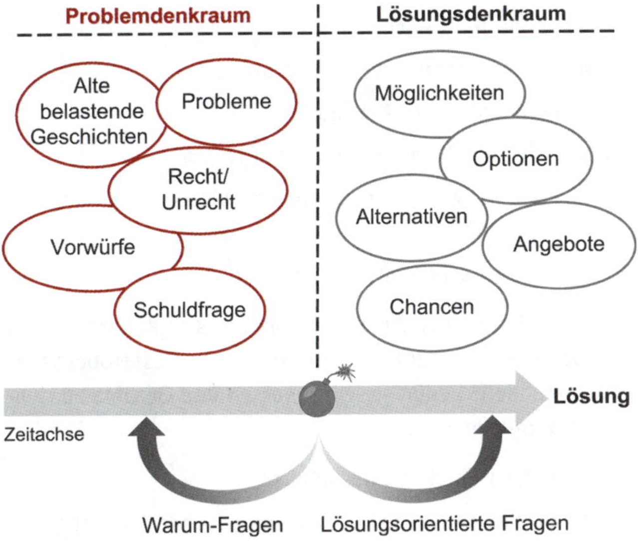

Problem- und Lösungsdenkraum

Fakten- und emotionsbasierte Fragen

Wie im Kapitel „Warum Diplomatie auch Gefühlssache ist" bereits dargestellt, gibt es zwei unterschiedliche Ebenen in Gesprächen: die Sach- und die Beziehungsebene. Mit Fragen kann man auf diese unterschiedlichen Ebenen fokussieren. Gerade im technischen Kontext sind die Menschen gerne sehr auf Fakten ausgerichtet mit Fragen wie z.B.:

- Wie viel Stück sind schon fertig?
- Wie viele müssten es sein?
- Wo genau liegt der Fehler?
- Welches Material haben wir verwendet?
- Was genau fehlt noch?
- Habt ihr schon Variante ... ausprobiert?
- Was genau steht im Auftrag?
- Wie viele Teile haben wir noch auf Lager?
- Wie wäre es, wenn wir stattdessen diesen Vorschlag machen würden?
- Was habt ihr schon alles ausprobiert?

Unter dem Aspekt der Diplomatie lohnt es sich durchaus auch, den Scheinwerfer auf die „unter der Wasseroberfläche schwimmenden" Bedürfnisse, Interessen und Gefühle zu richten – z.B. mit folgenden Fragen:

- Was irritiert Sie daran besonders?
- Was ist Ihnen für eine gute Lösung besonders wichtig?

- Worauf legen Sie in unserer Zusammenarbeit jenseits der Qualität besonderen Wert?
- Was brauchen Sie von mir, damit Sie sich hier richtig gut aufgehoben fühlen?
- Worauf muss ich achten, um für Sie die perfekte Lösung zu finden?
- Gibt es sonst noch irgendetwas, was ich wissen sollte/was Ihnen wichtig ist?

Deeskalationsstrategien

Eine wichtige diplomatische Kompetenz ist es, ein feines Gespür für die Dynamik in einem Gespräch zu entwickeln. Mit ein wenig Distanz erkennen wir es alle, wenn ein Gespräch gerade direkt auf eine Eskalation hinausläuft. Eskalationssignale sind z. B. folgende:

- Das Gespräch wird lauter.
- Das Gespräch wird schneller.
- Mimik und Gestik werden heftiger.
- Es gibt mehr Unterbrechungen.
- Es fallen Killerphrasen, ironische oder sarkastische Bemerkungen.

Wenn Sie ein solches Gespräch so weiter laufen lassen, werden Sie es voraussichtlich „an die Wand fahren". Entweder beschimpfen sich die Beteiligten, es werden Grabenkämpfe ausgetragen oder der ein oder andere verlässt früher oder später den Raum. Für Diplomatie ist dann garantiert kein Platz mehr – genauso wenig wie für gute Lösungen oder Klärungen.

Hilfreich ist es also, möglichst schon die ersten Anzeichen einer Eskalation zu erkennen, um frühzeitig gegensteuern zu können. Die Techniken dafür kennen Sie bereits:

- Zusammenfassen
- Aktiv Zuhören
- Nachfragen (gerne auch auf der Ebene der Emotionen, wenn Sie sich trauen)

Wenn Sie in Momenten drohender Eskalation so agieren, wenden Sie eine der elegantesten und einfachsten Methoden der diplomatischen Gesprächssteuerung an. Vielleicht reagiert Ihr Gegenüber nicht auf Ihren ersten Versuch, und es braucht zwei oder drei Anläufe mehr. Erfahrungsgemäß beruhigt sich jedoch ein Gespräch zunehmend, wenn einer der Beteiligten auf diese Weise aus der Eskalation aussteigt.

Gleichzeitig investieren Sie dadurch in das Beziehungskonto: Sie signalisieren Ihrem Gegenüber, dass Sie – selbst unter erschwerten Bedingungen – versuchen, ihn zu verstehen. Und Sie bauen eine Brücke dort, wo vorher vielleicht alles noch nach Abbruch ausgesehen hat.

Aber Hand aufs Herz: Das klingt einfacher, als es ist. Je mehr Sie selbst inhaltlich und emotional involviert sind, desto schwieriger ist es, den Ausstieg zu finden (siehe dazu näher das Kapitel „Persönliche Voraussetzungen"). In vielen Unternehmen wird daher in solchen Fällen auch ein Moderator eingesetzt, der inhaltlich und emotional neutral sein sollte, um eben diese ungesteuerten bzw. schwer steuerbaren Eskalationen zu neutralisieren. Da das im Alltag häufig, vor allem in „kleinen" Gesprächen und Besprechungen, nicht möglich ist, lohnt es sich jedoch durchaus, sich selbst in diesen Fertigkeiten zu üben.

Falls Sie merken, dass ein Gespräch zu eskalieren droht, und Ihnen gerade keine kluge verbale Deeskalation einfällt, hilft es oft, auf einer ganz banalen Ebene das Eskalationsmuster zu unterbrechen, indem Sie

- eine Pause vorschlagen
- ein Fenster öffnen
- mal kurz ins Bad gehen
- Ihrem Gegenüber etwas zu trinken anbieten (warme Getränke wirken harmonisierender als kalte)
- sich auf einen anderen Platz setzen (zugegeben, das erfordert etwas Mut, weil das vermutlich auf Irritation stößt, aber alles ist besser, als die Eskalation weiter voranzutreiben, oder?)
- das Thema wechseln (Small Talk wie z. B. zur Weihnachtsfeier, zum Mittagessen)
- einen Witz erzählen – aber nur, wenn Sie darin begabt sind und keiner dabei sein Gesicht verliert
- das Medium wechseln – gehen Sie z. B. zum Flipchart und malen Sie etwas
- Essen gehen
- einen Kollegen oder Vorgesetzten hinzuziehen

Beispiel:

> Wie wohltuend es ist, wenn jemand deeskalieren kann, zeigt ein Beispiel aus einem meiner Seminare: Ein Teilnehmer traf recht provokante und noch dazu nicht ganz richtige Aussagen. Eine andere Teilnehmerin hat ihn sehr gekonnt und charmant auf einen logischen Fehler hingewiesen, den er daraufhin geleugnet hat. Woraufhin sie nur diskret lächelnd geantwortet hat: „Ach so, dann habe ich das wohl falsch verstanden!" Alle Beteiligten hatten gehört, dass er das durchaus genau so gesagt hatte. Sie hat ihn aber sein Gesicht wahren lassen, die Eskalation vermieden und dennoch ein klares Signal gesetzt.

Neinsagen

In einer diplomatisch geprägten Gesprächsführung sollte man auch ein Nein möglichst so formulieren, dass das Gegenüber sein Gesicht wahren kann und die Beziehungsebene davon unberührt bleibt.

Obwohl das Wort „Nein" an sich nicht so schwer auszusprechen ist, tun sich viele Menschen damit schwer, es zu verwenden – wohl auch in dem Wissen, dass es immer auch Auswirkungen auf der Beziehungsebene haben kann. Dabei muss es gar nicht schwer sein. Für das Neinsagen gibt es nämlich ein breites Repertoire an Gesprächsstrategien.

Variationen, Nein zu sagen	
Argumentatives Nein	Begründung liefern und beim Nein bleiben
Ja-wenn-Technik	Bedingungen stellen (in Form eines Tauschhandels, z. B. Unterstützung anbieten gegen einen Gefallen), um Bedenkzeit oder Aufschub bitten
Hilfe zur Selbsthilfe	Andere Alternativen anbieten, bei denen man nicht selbst Teil der Lösung ist (z. B.: Wo kann der andere Infos finden? Was kann der andere oder jemand anderes tun?)
Gemeinsame Bewältigung	Problem aufteilen, dem anderen nicht vollständig die Arbeit abnehmen
Notbremse hart	„Du verschwendest deine Zeit. Es bleibt beim Nein."
Notbremse weich	„Ich verstehe deinen Standpunkt. Bitte verstehe auch meinen. Lassen wir es dabei."

(Mehr zum Thema im TaschenGuide „Sich durchsetzen")

Vermutlich werden Sie beim Durchlesen bemerken, dass Ihnen die eine oder andere Variante sympathischer ist und damit in Gesprächssituationen auch leichter fällt als eine andere. Viele meiner Seminarteilnehmer versuchen es gerne mit dem argumentativen Nein. Wird das aber vom Gegenüber nicht akzeptiert, „kippen" sie um und sagen dann doch Ja.

Klar ist, dass die beiden Notbremsen bedenklich sind, wenn die Angelegenheit diplomatisch geregelt werden soll. Die Variante „Notbremse hart" könnte einem – zumindest zwischenzeitlichen – Abbruch der (diplomatischen) Beziehungen gleichkommen.

Unter dem Aspekt der Diplomatie ist es oft am elegantesten, das Nein gar nicht explizit auszusprechen, sondern konsequent andere Lösungen anzubieten, zu verzögern, zunächst andere Fragen zu klären. Sie merken schon: Das dient nicht unbedingt der Klarheit; aber wenn die Beziehung und das Gegenüber extrem wichtig und sensibel sind, kann das klüger sein, als Tacheles zu reden und vielleicht verbrannte Erde zu hinterlassen. Charles-Maurice de Talleyrand-Périgord, einer der wichtigsten Diplomaten während der Französischen Revolution, sagte es mit anderen Worten: „Ein Diplomat, der Ja sagt, meint Vielleicht, der der Vielleicht sagt, meint Nein, und der, der Nein sagt, ist kein Diplomat. Eine Dame, die Nein sagt, meint Vielleicht, die Vielleicht sagt, meint Ja und die Ja sagt, ist keine Dame."

Der Dreisprung zum diplomatischen Nein

Im Folgenden schlage ich Ihnen noch eine andere Variante vor, Nein zu sagen, mit der dies diplomatisch gelingt. Sie erinnern sich: Diplomatie bedeutet immer auch, die Beziehung möglichst unbeschadet zu lassen, indem man den anderen respektiert und ihm Wertschätzung schenkt. Daraus und in Kombination mit der Lösungsorientierung habe ich den „Dreisprung zum diplomatischen Nein" entwickelt.

Dreisprung zum diplomatischen Nein
1. Wertschätzung
2. Formulierung des Nein
3. Angebot einer Lösung oder Alternative

Stellen Sie sich vor, ein Kollege bittet Sie, Ihre Präsentation für seine Kunden nutzen zu dürfen. Sie haben aber viel Herzblut und Hirnschmalz in diese Präsentation gesteckt und wollen sie nicht einfach so weggeben.

1 Beginnen Sie mit Schritt 1, der Wertschätzung: „Es freut mich, dass dir meine Präsentation gefällt, und ich verstehe, dass du deinen Aufwand für diesen Kunden minimieren möchtest ..."

2 Fahren Sie fort mit Schritt 2, der Formulierung Ihres Nein: „Ich habe viel Arbeit und Kreativität in dieses Konzept gesteckt und möchte es nicht einfach so teilen."

3 In Schritt 3 bieten Sie eine Lösung oder Alternative an:„Wenn du ein spezielles Chart aus meiner Präsentation einbauen möchtest, kannst du das gerne mit dem Hinweis auf mich als Quelle tun."

Strategien gegen das Jasagen

Ihr Gegenüber hat oft ein ganz eigenes Interesse daran, Sie umzustimmen, denn vermutlich profitiert es davon, wenn Sie am Ende doch Ja sagen. Typischerweise arbeitet Ihr Herausforderer mit „Ködern", um Sie von Ihrem Nein abzubringen.

Jeder von uns reagiert – je nach Persönlichkeitsstruktur – besonders gut auf den einen oder anderen. Und glauben Sie mir: Ihr Umfeld lernt rasend schnell, welcher Köder Ihnen besonders gut schmeckt!

Überprüfen Sie doch einmal für eine konkrete Gesprächssituation, was der andere tun müsste, um Sie von Ihrem geplanten Nein abzubringen:

- Schmeicheln
- Druck ausüben
- Enttäuscht sein
- Hilflos sein
- An Ihre Solidarität appellieren
- Egoismus unterstellen
- Sich dumm stellen
- Argument nicht gelten lassen
- Zeitdruck aufbauen
- Drohen
- Sanktionen ankündigen

Es ist überaus hilfreich, sich darüber klar zu werden, wie „man" Sie normalerweise dazu bekommt, aus einem Nein ein Ja zu machen. Strategien, die durchschaut werden, verlieren ihre Wirksamkeit, spätestens dann, wenn Sie sie charmant und bestimmt in Worte kleiden.

Beispiel:

 Wenn Sie bislang vor allem immer dann eingeknickt sind, wenn man Ihnen schmeichelte, könnten Sie das künftig folgendermaßen parieren: „Es ehrt mich, dass du mich für so kompetent hältst – allein: Es bleibt bei meinem Nein."

Wenn Ihr Gegenüber sehr hartnäckig bleibt, ist es für ein diplomatisches Vorgehen äußerst wertvoll, ihm auf der Beziehungsebene immer wieder Empathie, Wertschätzung, Respekt und/oder Mitgefühl zu signalisieren, bevor Sie Ihr Nein wiederholen.

Wahre Diplomatie ist die Fähigkeit, auf eine so taktvolle Weise Nein zu sagen, dass alle Welt glaubt, man hätte Ja gesagt. (Sir Robert Anthony Eden, ehemaliger britischer Premier- und Außenminister)

Wenn Sie zu den Menschen gehören, die reflexartig eher Ja sagen, gewöhnen Sie sich an, eine zeitliche Verzögerung einzubauen, um sich zu schützen. Sagen Sie z.B.:

- „Ich melde mich nach der Mittagspause nochmal bei dir."

- „Gib mir eine Stunde, ich denke darüber nach."

- „Ich stecke gerade in einem Konzept (in einer Präsentation) und melde mich morgen bei dir."

Eine andere Strategie gegen allzu schnelles Jasagen ist es auch, sich zu überlegen, welchen Preis Sie dafür bezahlen, wenn Sie sich „rumkriegen lassen" und doch Ja sagen, obwohl Sie Nein sagen wollten.

Gewaltfreie Kommunikation: Impulsgeber für Diplomatie

Im Alltag kommt es immer wieder zu Missverständnissen zwischen Menschen. Das ist normal und gehört zur Kommunikation dazu. Freuen Sie sich, wenn Sie sie frühzeitig bemerken und bestenfalls klären können. Stattdessen fällt, wenn wir es mit Missverständnissen zu tun haben, im Alltag immer wieder der Satz: „Da hast du mich völlig falsch verstanden!" Wie fühlen Sie sich, wenn das jemand zu Ihnen sagt? Verstanden? Wertgeschätzt? Wohl kaum. Dieser Satz ist dazu geeignet, Ihnen die Schuld und den Schwarzen Peter zuzuschieben. Derjenige, der dies sagt, hat nach eigenem Dafürhalten offensichtlich alles richtig gemacht; der Fehler liegt einzig und allein bei Ihnen. Psychisch gesehen kommt das einer Ohrfeige gleich (und unser Gehirn reagiert auf solche Schuldzuweisungen auch ähnlich wie auf körperlichen Schmerz!). Nach den Maßstäben der Gewaltfreien Kommunikation, kurz GfK genannt, ist diese Aussage „Gewalt". Wenn Sie stattdessen sagen: „Oh, da habe ich mich vielleicht missverständlich ausgedrückt", oder: „Da scheint es an irgendeiner Stelle ein Missverständnis gegeben zu haben", kann Ihr Gegenüber sein Gesicht wahren, und Ihr Beziehungskonto bleibt unbelastet.

Das Konzept der Gewaltfreien Kommunikation, das vom Psychologen Marshall B. Rosenberg entwickelt wurde, bietet wertvolle Impulse für diplomatische Kommunikation. Auch wenn die GfK aktuell vor allem im pädagogischen Kontext angewendet wird, nimmt ihr Einfluss auch im Berufsalltag immer mehr zu, so vor allem, wenn es um die Führung von Mitarbeitern geht (vgl. hier z. B. Gabriele Lindemann und Vera Heim, „Erfolgsfaktor Menschlichkeit: Wertschätzend führen – wirksam kommunizieren."). Marshall Rosenberg selbst war durchaus auch in politischen und gesellschaftlichen Bereichen mit seinem Ansatz unterwegs und erfolgreich.

Die GfK baut auf vier Schritten auf.

Die vier Schritte in der Gewaltfreien Kommunikation
1. Konkrete Handlung beschreiben, die wir und jeder andere beobachten können oder konnten und die unser Wohlbefinden beeinträchtigt
2. Mitteilen, wie wir uns fühlen in Verbindung mit dem, was wir beobachten oder hören
3. Unsere Bedürfnisse, Werte, Wünsche etc. mitteilen, aus denen heraus diese Gefühle entstehen
4. Um eine konkrete Handlung bitten, damit wir – und eventuell auch die anderen – uns wohler fühlen

So gelesen klingen diese vier Schritte vielleicht ganz einfach und plausibel. Die Tücke steckt jedoch im Detail – hier in der Umsetzung und oft im eigenen Temperament, in Sprechgewohnheiten und Mustern.

Schritt 1: Konkrete Handlung beschreiben

Aus hunderten von Beispielen in meinen Seminaren weiß ich, wie schwierig es ist, möglichst objektiv die Handlung seines Gegenübers zu beschreiben und diese von Bewertungen, Urteilungen, Unterstellungen, Vorwürfen und weiteren subjektiven Empfindungen zu trennen. Je mehr wir emotional engagiert – also wütend, ärgerlich, sauer, verletzt – sind, desto schwerer fällt uns dieser Schritt. Oft brauchen wir dafür Distanz, eine Auszeit, ein Durchatmen, ein Sammeln, ein Reflektieren, um (wieder) den objektiven Kern des Geschehens herausarbeiten zu können.

Schritt 2: Die eigenen Gefühle mitteilen

Der Psychologe Rosenberg beschreibt den Schritt 2 damit, das Fenster zu seinem Inneren aufzumachen, um dem anderen zu zeigen, wie es einem selbst geht. Hier dreht es sich also darum, Ich-Botschaften zu senden. Diese zu äußern ist für Ungeübte oft gar nicht so einfach. Fast ist das manchmal, als würde man eine neue Sprache lernen. Zudem ist diese sprachliche Kompetenz auch geknüpft an emotionale Intelligenz, an Selbstwahrnehmung und an Differenzierungsfähigkeit – also wahrlich nichts für Anfänger.

Wohl jeder hat schon einmal von den sog. Ich-Botschaften gehört. Erfahrungsgemäß erzeugen sie beim Gegenüber Betroffenheit. Er kann dann besser nachvollziehen, warum dieser oder jener Aspekt für den anderen so kritisch ist. Das motiviert ihn eher dazu, mit dem anderen gemeinsam Abhilfe zu schaffen. Viele Menschen fürchten sich davor, sich dadurch verletzlich zu zeigen oder als Weichei dazustehen. Das Gegenteil ist meiner Erfahrung nach jedoch der Fall: Zu seinen Gefühlen zu stehen, macht stark und nachvollziehbar (zur Diskussion stehen sie ohnehin nicht – Gefühle sind eine Realität, an der es nichts zu rütteln gibt). Oft werden im Gegenteil diejenigen Aussagen als hart empfunden, mit denen man ohne Gefühlsregung seinem Gesprächspartner plump seine Forderung vor die Füße wirft.

Volker Schlöndorff, der Regisseur des Filmes „Diplomatie", sagt dazu passend in einem Interview: „Ich glaube, ein Diplomat muss in dem anderen den Menschen ansprechen. Und das kann er nur, indem er sich auch selbst als Mensch öffnet. (...) Ein Diplomat muss verletzbar sein und sich zu seinen persönlichen Vorlieben bekennen."

Um hier mit einem Missverständnis aufzuräumen: Nicht jeder Satz, den man mit „Ich" beginnt, ist gleich eine Ich-Botschaft. „Ich habe das Gefühl, du willst mich über den Tisch ziehen", ist keineswegs eine Ich-Botschaft, sondern ganz im Gegenteil eine satte Du-Botschaft. Derjenige, der dies äußert, sagt ja mitnichten etwas über sich und seine Befindlichkeit, sondern vielmehr etwas über seine Bewertung des anderen und dessen Absichten und Charakter aus.

So lieber nicht	Vielleicht lieber so
Immer drängelst du dich so in den Vordergrund.	Ich wünsche mir, dass du mich da miteinbeziehst.
Du machst einfach immer nur, was du willst.	Könnten wir bitte gemeinsam entscheiden, wie wir weiter vorgehen?

So lieber nicht	Vielleicht lieber so
Sie nehmen überhaupt keine Rücksicht auf uns im Büro.	Bitte bedenken Sie bei Ihren Zusagen auch, was das für uns im Büro für Auswirkungen hat.
Ihr habt euch schon wieder nicht an unsere Abmachung gehalten.	Mir ist es wichtig, dass ich mich auf unsere Abmachungen verlassen kann.
Immer knickst du ein, wenn du ein bisschen Gegenwind kriegst. Du bist ein echtes Weichei!	Wenn ich dich in so schwierigen Situationen zum Kunden schicke, brauche ich es, dass du an der Stelle Rückgrat beweist.

Schritt 3: Die eigenen Bedürfnisse mitteilen

Sich auf die eigenen Bedürfnisse – und die des Gegenübers – zu konzentrieren, ist der Gegenentwurf zum Bewerten, Beurteilen und Moralisieren. Die Idee dahinter ist die, dass jeder Mensch von seinen eigenen Bedürfnissen gesteuert ist. Diesen Aspekt im Gespräch zum anderen zu transportieren, ist ein wichtiger Perspektivenwechsel hin zu diplomatischer Kommunikation.

Überlegen Sie, welche Werte und Bedürfnisse Ihnen im täglichen Miteinander wichtig sind. Rosenberg sagt, Bedürfnisse sind Werte in Aktion – Sie können also aus einem Wert ein Bedürfnis ableiten und vom Bedürfnis umgekehrt auch auf den dahinter stehenden Wert schließen. Hier ein paar mögliche Werte zur Inspiration: Anerkennung, Kontakt, Ruhe, Spaß, Zuverlässigkeit, Ordnung/Struktur, Status, Macht, Einfluss, Sinn, Leichtigkeit, Freude, Muße, Genuss, Ästhetik, Neugier, Autonomie, Sparen, Ehre, Idealismus, Familie/Freunde, Eros, Bewegung, Gesundheit.

Welches sind aktuell Ihre wichtigsten Bedürfnisse?

1   ...

2   ...

3   ...

Beispiel:

 Wenn jemand Sie mit ausufernden Diskussionen nervt, können Sie entweder sagen „Du nervst", oder Sie besinnen sich auf Ihr Bedürfnis nach Leichtigkeit und kommunizieren das z.B. so: „Mir ist es an der Stelle wichtig, dass wir eine leichte und geschmeidige Lösung finden."

Was könnte Ihr Bedürfnis sein, wenn Sie sich von einem Kollegen übergangen „fühlen"? (Aus Sicht der Gewaltfreien Kommunikation ist dieses Fühlen übrigens kein Gefühl, sondern ein als Gefühl getarnter Vorwurf.) Ihr Bedürfnis könnten Sie z.B. so ausdrücken: „Mir ist es wirklich wichtig, dass meine Meinung und meine Erfahrung auch mit in die Lösung einfließen."

Schritt 4: Bitten um eine konkrete Handlung

Eine echte Bitte ist zukunfts- und lösungsorientiert und ergebnisoffen. Der andere hat demnach also immer das Recht, mir meine Bitte abzuschlagen. Er ist schließlich ein freier Mensch. *Müsste* er meine Bitte befolgen, wäre es keine Bitte, sondern ein Befehl.

- Könntest du mich bitte dabei unterstützen?

- Würdest du mich bitte in Zukunft mit einbeziehen?

- Könnten wir das bitte in Zukunft vor der Präsentation gemeinsam durchgehen?

Ob eine Bitte ein echte Bitte war – oder vielleicht doch eher eine Forderung – zeigt sich oft erst in der Reaktion des Bittenden, wenn der Adressat ablehnt. Wird das akzeptiert, war es vermutlich im Sinne Rosenbergs eine echte Bitte; wird darauf mit Aggression, Beleidigtsein oder Vorwürfen reagiert, entlarvt sich die Bitte als versteckte Forderung.

Wird das Konzept der Gewaltfreien Kommunikation richtig angewendet und – für mein Gegenüber und für mich selbst – in Verbindung mit den emotionalen Komponenten der Empathie und Wertschätzung gebracht, ist dies für die diplomatische Kommunikation sehr hilfreich.

Übung: Gewaltfreies Kommunizieren

Stellen Sie sich vor, ein Vorgesetzter hat Sie in einer Besprechung ganz schön blöd dastehen lassen, indem er Sie vor Kunden und Kollegen zurechtwies: „Ich hab Ihnen doch extra noch gesagt, dass Sie die Präsentation mitnehmen sollen!" Verständlicherweise kochen Sie vor Wut und fühlen sich ... ja, wie fühlen Sie sich eigentlich? Frustriert, bloßgestellt, ärgerlich, wütend, geladen, empört, entrüstet, miserabel, irritiert, zornig, sauer ...?

Sie entscheiden sich, die Situation mit dem Vorgesetzten zu besprechen. Sie sind schließlich noch eine Weile auf eine positive Zusammenarbeit mit ihm angewiesen und haben ein aufrichtiges Interesse daran, Ihr Beziehungskonto mit ihm möglichst im Plus zu halten.

Formulieren Sie die vier Schritte der Gewaltfreien Kommunikation für dieses Beispiel:

1   Konkrete Handlung beschreiben: ...

2   Die eigenen Gefühle mitteilen: ...

3   Die eigenen Bedürfnisse mitteilen: ...

4   Bitten um eine konkrete Handlung: ...

Übung: Gewaltfreies Kommunizieren

Lösungsvorschlag: Hallo Herr Meier, ich würde gerne kurz etwas mit Ihnen besprechen, haben Sie ein paar Minuten Zeit? ... Sie haben vorhin in der Sitzung vor allen Kollegen und den Kunden geäußert, Sie hätten mir extra gesagt, ich solle die Präsentation mitnehmen (1. Schritt: Konkrete Handlung beschreiben). Erinnern Sie sich? ... Das ist für mich wirklich schwierig und ich bin einigermaßen frustriert (2. Schritt: Die eigenen Gefühle mitteilen), weil es mir ja wichtig ist, von den Kollegen und auch den Kunden als kompetente Ansprechpartnerin wahrgenommen zu werden (3. Schritt: Die eigenen Bedürfnisse mitteilen). Deswegen bitte ich Sie, solche Punkte in Zukunft unter vier Augen mit mir zu besprechen (4. Schritt: Bitten um konkrete Handlung).

Die Konfrontationstechnik

Diplomatie wird oft missverstanden als Harmonisieren um jeden Preis, als Schöntuerei, als Dinge-unter-den-Teppich-Kehren.

In Meinungsverschiedenheiten sollte man dem anderen klar, souverän und respektvoll die eigenen Grenzen aufzeigen. Den meisten Leuten fällt das deswegen so schwer, weil sie sehr lange (viel zu lange?) alles schlucken oder nachgeben und ihnen dann irgendwann der Kragen platzt. In diesem emotionalen Zustand sind nur sehr wenige Menschen in der Lage, professionell zu kommunizieren. Stattdessen kommt es dann dazu, dass man jemanden anfährt oder vor den Kopf stößt, man jemanden auflaufen lässt oder ihm mal sehr deutlich seine Meinung sagt. So menschlich diese Verhaltensweisen auch sind – sie gehören jedenfalls nicht ins Repertoire diplomatischen Geschickes.

Ich stelle Ihnen hier eine Methode vor, wie Sie souverän, klar und lösungsorientiert eine Grenze setzen, Ihr Gegenüber mit dem konfrontieren, womit Sie unzufrieden sind, und dabei wertschätzend und lösungsorientiert bleiben. Die sog. Konfrontationstechnik umfasst folgende vier Schritte.

Phasen der Konfrontationstechnik
1. Sachverhalt darstellen
2. Konsequenz aufzeigen
3. Gefühl und/oder Interesse/Bedürfnis erläutern
4. Wunsch, Bitte, Vorschlag, offene Frage

Diese Technik ähnelt sehr dem Modell der Gewaltfreien Kommunikation, ist aber durch das Aufzeigen der Konsequenzen noch näher an den Business-Kontext angelehnt.

1. Schritt: Sachverhalt darstellen

Zunächst sollten Sie den Sachverhalt, um den es geht, möglichst objektiv, wertfrei, zeitnah und konkret darstellen. Dieser Schritt ist der tückischste. Beim Lesen klingt das ganz einfach. Je mehr Sie aber emotional involviert sind, desto schwieriger ist es, den Sachverhalt wirklich objektiv, d.h. ohne Vorwürfe,

Unterstellungen, Bewertungen etc. darzustellen. Das Ziel dieses Schrittes ist es, sich von seinem Gegenüber ein Ja abzuholen.

Beispiel:

 Erinnern wir uns an Klara, die ihren Mitarbeitern schrieb, dass sie alle Versager seien. „Versagen" ist kein beobachtbares Verhalten, sondern eine Bewertung. Sie hätte den Sachverhalt vielleicht so darstellen können: „Ich hatte euch gebeten, den Kunden über den Verzug zu informieren. Das habt ihr nicht getan."

Übung: Sachverhalt darstellen

Sie sind mit Ihrem Kollegen, der zwar älter und erfahrener ist als Sie, der rein organisatorisch aber auf der gleichen Stufe steht, bei einer Präsentation beim Kunden. Während Sie bei einem Punkt ein wenig ausholen, sagt er: „Lieber Kollege, das ist hier nicht unsere Aufgabe", und übernimmt die Präsentation bis zu ihrem Schluss. Sie sind verständlicherweise sauer und suchen das Gespräch mit ihm. Wie stellen Sie ihm den Sachverhalt dar?

Lösungsvorschlag: Statt zu sagen „Du hast mich da bloßgestellt", ist es im Sinne der Diplomatie wichtig, den Sachverhalt so neutral wie möglich darzustellen: „Du hast vor dem gesamten Gremium gesagt, dass das nicht unsere Aufgabe sei". Wenn Sie in etwa formuliert haben: „Du hast mich da voll auflaufen lassen" – was emotional nachvollziehbar ist – denken Sie noch einmal an die objektive Darstellung des Geschehenen. Es kann hier manchmal hilfreich sein, den anderen wortwörtlich zu zitieren.

2. Schritt: Konsequenz darstellen

Im zweiten Schritt geht es darum, logisch und nachvollziehbar die Konsequenzen darzustellen, die aus dem geschilderten Sachverhalt folgen. Das können Folgen für den Ruf und das Ansehen sein, Auswirkungen auf das Arbeitsvolumen; es kann Konsequenzen haben im Verhältnis zu Kunden, Vorgesetzten und Kollegen oder Folgen organisatorischer Art.

Setzen wir das Beispiel von oben fort, könnten Sie sagen: „In den Augen der Kunden stehe ich vermutlich jetzt da wie deine Assistentin."

3. Schritt: Gefühl und/oder Interesse/Bedürfnis erläutern

Wesentliches Element des dritten Schritts ist eine Ich-Aussage, die entweder die eigene Befindlichkeit oder das, was einem selbst wichtig ist, beschreibt. Im Beispiel könnte das so aussehen: „Mich ärgert das, weil es mir wichtig ist, dass wir als gleichberechtigtes Team auftreten"

Seien Sie vorsichtig mit Satzanfängen wie: „Ich habe das Gefühl, dass ...". Meist folgt ihnen eben gerade keine Ich-Aussage, sondern eine versteckte Du-Botschaft. Nehmen wir den Satz: „Ich habe das Gefühl, dir fehlt es an Loyalität". Wenn Sie sich vorstellen, dass das jemand zu Ihnen sagt, merken Sie sofort, dass das weniger über den anderen als über dessen Vermutung über Sie aussagt. Was wäre das echte Gefühl hinter solch einer Aussage? Vielleicht ließe es sich so formulieren: „Ich merke, dass mich das irritiert, weil ich mir

unsicher bin in Bezug auf unsere Zusammenarbeit und mir da
Loyalität sehr wichtig ist."

4. Schritt: Wunsch/Bitte/ offene Frage/Vorschlag

Der vierte und letzte Schritt, in dem ein Wunsch, eine Bitte
oder ein Vorschlag platziert wird, ist wichtig, damit die
Gesprächspartner wieder zurück zur Lösungsorientierung finden. Er schützt zudem davor, dass das Gegenüber den Impuls
bekommt, sich zu rechtfertigen oder zu erklären. Außerdem
zielt man damit nicht auf eine Entschuldigung, sondern auf
eine gemeinsame verbindliche Lösung ab. Das hilft, dass sich
der andere geschützt fühlt und sein Gesicht wahren kann.
Sollte er sich trotzdem entschuldigen wollen, ist das ja durchaus auch in Ordnung. In unserem Beispiel könnten Sie dann in
etwa formulieren: „Ich bitte dich, dass wir in Zukunft solche
Meinungsverschiedenheiten unter vier Augen austragen."

Im echten Leben beginnt an der Stelle oft die eigentliche
Verhandlung darüber, wie man künftig mit solchen Situationen umgehen möchte. Erwarten Sie daher nicht, dass Sie
dieses Modell im Alltag 1:1 durchdeklinieren können. Vielmehr werden Sie an manchen Stellen mehrere Runden drehen
müssen.

Solange Sie in dieser Technik noch ungeübt sind, empfiehlt es
sich, die vier Schritte vorab schriftlich zu formulieren. In
besonders wichtigen Fällen können Sie vielleicht das Ganze
von einer Person Ihres Vertrauens gegenlesen lassen und mit
ihr klären, ob auf diese Art und Weise eine gemeinsame

Lösung wahrscheinlich wird oder nicht. Alternativ können Sie auch eine Einladung zu einem Klärungsgespräch in Anlehnung an die vier Schritte z. B. per E-Mail verschicken.

Übung: Konfrontationstechnik

Sie haben eine Präsentation mit neuen Ideen entwickelt, die durchaus vorstandsrelevant sind. Ihr Chef sieht das auch so und möchte die Präsentation vor dem Vorstand übernehmen. Da Sie selbst aber durchaus auch eigene Karrierepläne haben und darüber hinaus auch Ihnen Anerkennung gut tut und Sie die Chance nutzen möchten, ein wenig Selbstmarketing zu betreiben, wollen Sie das selbst übernehmen.

Unsere Klara hat in einer solchen Situation den Chef schon einmal vor vollendete Tatsachen gestellt und gesagt: „Wissen Sie was? Das übernehme ich am besten selbst, ich kenne mich ja inhaltlich auch am besten damit aus."

Das ist auf der Beziehungsebene im Verhältnis zum Chef eher schwierig, da dieser durch ein solches „Bestimmtwerden" vermutlich sein Gesicht verliert. Wie würden Sie es in den vier Schritten der Konfrontationstechnik formulieren?

Übung: Konfrontationstechnik

Lösungsvorschlag:

1 Lieber Herr ..., es ist ja jetzt so, dass ich die Präsentation erstellt und auch die Ideen hatte.

2 Wenn Sie das jetzt beim Vorstand präsentieren, habe ich wenig Chancen, mich dort im Sinne meiner Karriere zu profilieren.

3 Da mir meine weitere berufliche Entwicklung aber wichtig ist und ich gerne auch mit Ihrer Unterstützung weiterkommen würde,

4 ... wäre es mir sehr wichtig, diese Präsentation selbst zu übernehmen. Sind Sie damit einverstanden?

Humor

Fakt ist, dass Humor eine wunderbare Möglichkeit ist, Situationen zu entschärfen und zu deeskalieren. Allerdings bedarf es dazu eines feinen Humors, der niemanden verletzt und mit dem man niemanden auf den Schlips tritt. Das ist tatsächlich eine hohe Kunst. Menschen, die sich darauf verstehen, werden von ihrem Umfeld sehr geschätzt. Zeitgenossen, die Witze am liebsten auf Kosten anderer machen, werden dagegen gerne gemieden. Viele Menschen fragen sich, ob man Humor lernen kann. Für Diplomatie reicht es nicht aus, Witze erzählen zu können (und selbst das ist nicht jedermann in die Wiege gelegt). Der dazu benötigte Humor ist daher eher die Fähigkeit, Dinge aus einer überraschenden Perspektive zu betrachten, sich selbst nicht ganz so ernst zu nehmen und eine Entscheidung, auch den skurrilsten Situationen noch einen Aspekt der Heiterkeit abzugewinnen. Humor zu haben ist also vermutlich eher eine Haltung, eine Entscheidung, und hängt eng mit der Fähigkeit zur Selbstreflexion, zur Selbstkritik und der Selbststeuerung zusammen. Oder, wie es schon der große Humorist Loriot sagte: „Komisch ist alles, was scheitert."

Und trotzdem ist Humor bis zu einem gewissen Grad erlernbar. Techniken dafür kann man z. B. an Clownschulen oder Instituten für Theatersport lernen (fündig wird man z. B. unter www.kultnet.eu/kuenstler_anfragen/Clownschulen.html).

Oft ergibt sich die Gelegenheit, ein Problem mit Humor zu lösen, jedoch meist direkt aus der Situation heraus. Dann hilft nur Spontaneität.

Beispiel:

Eines Wochenendes wollten wir mit einer großen Gruppe auf der Mosel mit dem Schiff fahren. Ein Teil der Gruppe hatte schon angestanden, und da wir alle nur ein gemeinsames Ticket hatten, wollte ich zu der Gruppe stoßen. Auf dem Weg dorthin (den könnte man durchaus auch als Drängeln interpretieren) sagte ein Mann hinter mir: „Was wird denn das?", und schaute ziemlich grimmig. Ich habe daraufhin erwidert, dass ich Teil einer Gruppe sei, zu der ich mich dazustellen müsste. Daraufhin sagte er: „Wir sind auch Teil einer Gruppe!" Daraufhin habe ich ihn angelacht und gesagt: „Okay, wollen wir knobeln, welche Gruppe vor darf? Schere-Stein-Papier?" Da musste er lachen und sagte nur „Nein, nein, gehen Sie nur vor."

Humor ist im Sinne der Diplomatie nur dann geeignet, wenn dadurch niemand sein Gesicht verliert. Ähnlich wie beim Small Talk sind hier Witze über Politik, Minderheiten oder anzügliche Witze eher ungeeignet.

Am sichersten ist es, wenn man:

- sich selbst auf die Schippe nimmt (ich als Schwäbin darf sämtliche Witze über Schwaben auspacken – mit Witzen über andere Landsleute sollte ich mich aber tunlichst zurückhalten),
- Witze über Kunstfiguren (z. B. Comic-Figuren) zum Besten gibt,
- mit Metaphern aus dem Tierreich arbeitet,
- allgemein anerkannte Persönlichkeiten zitiert,
- Aphorismen verwendet.

Sie sehen also: Wenn Sie sich ein breites Repertoire an Witzen, Sprüchen und Anekdoten zulegen, kann Ihnen das auch im Sinne der Diplomatie sehr hilfreich sein.

Humor als Deeskalationsstrategie

Viele Dienstleister, die Polizei und andere Autoritäten sind mittlerweile darin geschult, Konfrontationen und Kritik möglichst diplomatisch mit Humor zu formulieren. „Deeskalationsstrategie" ist hier das Stichwort.

Beispiel:

Neulich im Flugzeug: Als einige besonders gestresste Manager schon vor dem Stillstand des Flugzeugs aufsprangen, um ihr Gepäck aus den Gepäckfächern zu holen, machte eine Stewardess die folgende Durchsage: „Noch nie in der Geschichte der Luft- und Raumfahrttechnik ist es einem Passagier gelungen, vor dem Flugzeug am Gate zu sein. Deswegen setzen Sie sich bitte auch zu Ihrer eigenen Sicherheit wieder auf Ihre Plätze." Alle lachten und haben sich wieder gesetzt.

Sie sehen, selbst Kritik wird mit einem Schuss Humor besser verträglich. Diplomatie par excellence!

Beispiel:

Ähnlich handhabt das hin und wieder auch die Polizei: Bei einem Konzert in Stuttgart, bei dem die Fans auch den Bereich vor dem Stadion, unter anderem eine Gleisanlage, belagerten und befeierten, machte die Polizei folgende Durchsage: „Wir haben vollstes Verständnis für Ihre Begeisterung für das Konzert. [Pause ... Jubel der Fans] Um auch hier jederzeit für Ihre Sicherheit sorgen zu können, und damit die Rettungsfahrzeuge im Notfall schnell durchkommen, bitten wir Sie, die Gleisanlagen freizuhalten." Die Fans waren daraufhin erstaunlich kooperativ und friedlich und haben sie zügig geräumt.

So verhindert Diplomatie oft Konfrontation und erlaubt es dem Gegenüber ohne Gesichtsverlust nachzugeben.

Falls Sie das Thema interessiert, finden Sie auch in den Büchern des Psychotherapeuten Hans-Ulrich Schachtner rund um seinen magischen Kommunikationsstil wertvolle und hilfreiche Ideen und Anregungen (siehe das Literaturverzeichnis).

Lieber nicht! – Was Sie besser bleiben lassen sollten

Bisher haben Sie Techniken kennengelernt, die Sie dabei unterstützen, diplomatisch zu agieren. Wenden wir uns nun solchen Dingen in der Kommunikation zu, die Sie als diplomatischer Mensch vermeiden sollten.

Bei Diplomatie geht es vor allem darum, den anderen sein Gesicht wahren zu lassen. Genau das Gegenteil bewirken sog. Kommunikationssperren. Eine solche Sperre ist nach dem US-amerikanischen Psychologen Thomas Gordon eine Art der Kommunikation, die den Wunsch oder die Absicht ausdrückt, den Gesprächspartner nicht zu akzeptieren, sondern ihn zu verändern. Gordon nennt in seinem Buch „Das Gordon-Modell" 12 Arten solcher Kommunikationssperren:

1   Befehlen, Anordnen, Auffordern

2   Warnen, Mahnen, Drohen

3   Moralisieren, Predigen, Beschwören

4   Beraten, Vorschläge machen, Lösungen liefern

5   (Ver)Urteilen, Kritisieren, Widersprechen, Vorwürfe machen, Beschuldigen

6   Belehren, durch Logik begründen

7   Loben, Zustimmen, Schmeicheln

8   Beschämen, Beschimpfen, Lächerlichmachen

9   Interpretieren, Analysieren, Diagnostizieren

10 Beruhigen, Sympathie äußern, Trösten, Aufrichten

11 Nachforschen, Fragen, Verhören

12 Ablenken, Ausweichen, Aufziehen

Da der Wunsch, sein Gegenüber zu verändern, das Gegenteil von Respekt und Wertschätzung ist, strapaziert man mit solchen Denk-, Verhaltens- und Kommunikationsmustern das Beziehungskonto sehr – und bewegt sich somit weit außerhalb diplomatischer Verhaltensweisen.

Manch einer stolpert über drei der in der Aufzählung genannten Sperren. Auf den ersten Blick muten diese nämlich durchaus positiv an:

- *Loben*: Lob kann durchaus positiv sein – wenn es ernst gemeint ist und keinen eigennützigen Hintergrund hat. Eine Kommunikationssperre und damit negativ ist nach Gordon jedoch ein Lob, mit dem man den anderen „motivieren" möchte, etwas so zu machen, wie man sich dies selbst vorstellt.

- *Beruhigen:* Das Komplizierte am Beruhigen ist, dass wir damit manchmal unserem Gegenüber dessen Wahrnehmung und die Berechtigung für seine Gefühle absprechen. Die Bedeutung bestimmt hier wie immer der Empfänger: Ist er dankbar und beruhigt er sich, ist alles okay. Reagiert jemand verärgert, ist das ein Hinweis darauf, dass er das Beruhigen negativ wertet.

- *Sympathie äußern:* Hier verhält es sich ähnlich wie beim Lob. Meine ich es ernst und aufrichtig und agiere ich absichtslos, ist alles in Ordnung. Will ich den anderen, den ich vielleicht sogar kurz vorher gegen das Schienbein getreten habe, damit nur besänftigen, ist es eher Augenwischerei.

Auf einen Blick: Die Strategien der Diplomaten

- Diplomatie ist mehr als eine Technik, sie ist eine Haltung. Die beste Strategie hilft daher nichts, wenn sie ohne den Willen angewendet wird, mit dem anderen wirklich diplomatisch umgehen zu wollen.

- Diskussionen bringen uns meist nicht zum Ziel. Wahre Diplomaten suchen den Dialog. In einer Dialogkultur hört man sich gegenseitig zu, versucht sich zu verstehen und den anderen Wertschätzung entgegenzubringen.

- Will man eine diplomatische Lösung, kann man ganz bewusst Gesprächstechniken wie das Aktive Zuhören oder die lösungsorientierte Gesprächsführung anwenden, die dem anderen klar signalisieren: „Du bist mir wichtig. Unsere Beziehung ist mir wichtig. Ich möchte eine gute Lösung für uns beide finden."

- Auch die Gewaltfreie Kommunikation und die Konfrontationstechnik sind wirksame Instrumente, um dem anderen Wertschätzung und Verständnis entgegenzubringen und ihm zu helfen, sein Gesicht zu wahren.

- Ebenso ist Humor eine wirksame, wenn auch besonders anspruchsvolle Strategie in der Diplomatie.

Schwierige Situationen meistern

Im Berufs- und Privatleben kommt man immer wieder in unangenehme Situationen. Sehen Sie sie künftig als Chancen, diplomatisches Verhalten zu üben – und beobachten Sie dann, wie sich Ihr Handeln auf Sie selbst, Ihr Umfeld und die Ergebnisse auswirkt.

In diesem Kapitel erfahren Sie u. a., wie Sie

- wütende Menschen friedlich machen,
- mit rücksichtslosen Kollegen umgehen,
- starke Emotionen Ihres Gegenübers abfedern,
- souverän auf unsachliche Kritik reagieren,
- schlechte Nachrichten schonend überbringen.

Der aufgebrachte Kunde

Beispiel:

 Ein Kunde ruft an und ist sehr aufgeregt. Ohne Sie zu grüßen, legt er direkt los: „So ein Mist, nie klappt in diesem Laden irgendetwas! Jetzt habe ich schon zweimal reklamiert und habe zum dritten Mal ein falsches Gerät geliefert bekommen. Kriegen Sie eigentlich gar nichts auf die Reihe? Aber das ist ja wieder typisch! ..."

Bestimmt ist Ihnen schon aufgefallen, dass es in einem solchen Moment ziemlich wenig bringt, wenn Sie dem Kunden sagen, er solle sich doch beruhigen oder nicht so aufregen. Menschen lassen sich nicht gerne sagen, wie sie sich zu fühlen und zu benehmen haben. Sie werden dadurch nur noch aufgebrachter.

Wie Sie den Kunden auffangen

Versuchen Sie es stattdessen zuerst mit Aktivem Zuhören, in etwa so:

- „Okay, da scheint etwas ganz schön schief gelaufen zu sein."

- „Aha, Sie haben also dreimal ein falsches Gerät geliefert bekommen."

- „Ich kann verstehen, dass Sie das ärgert."

- „Ja, das ist wirklich ärgerlich."

In der Theorie hört sich das oft albern an und wir befürchten, dass der andere sich veräppelt fühlen könnte. Im echten Leben habe ich nur selten erlebt, dass sich jemand darüber beschwert.

Die Praxis, von der ich immer wieder berichtet bekomme, den Hörer zur Seite zu legen und den anderen erst einmal schimpfen zu lassen, halte ich eher für eskalationsträchtig. Davon, einfach aufzulegen, einmal ganz zu schweigen. Im Prinzip „müssen" Sie im Sinne der Diplomatie (und Kundenorientierung) so lange zuhören, bis der andere sich beruhigt hat. Solange jemand so richtig unter Strom steht, ist er für Ihre noch so guten Lösungsvorschläge voraussichtlich nicht empfänglich. Oft entsteht durch zu früh platzierte Lösungsstrategien bei Kunden sogar der Eindruck, man wolle sie nur abwimmeln.

Erst wenn der andere sich beruhigt hat, ist er vermutlich auch für konkretisierende Fragen offen. In ihrem Ärger bleiben Menschen nämlich oft sehr allgemein und wenig konkret.

Im zweiten Schritt können Sie also versuchen, mehr Informationen über den Sachverhalt zu gewinnen. Nutzen Sie dazu konkretisierende Fragen: „Um welches Gerät handelt es sich genau? Was genau funktioniert nicht? Was haben Sie schon alles probiert?" Wenn Sie dann genauer wissen, worum es wirklich geht, nutzen Sie die Techniken der Lösungsorientierung, um den Kunden zufriedenzustellen:

„Dann mache ich Ihnen folgenden Vorschlag ..." Holen Sie sich zum Abschluss ein „Ja" ab, um sicher zu sein, dass Sie sich auch wirklich einig geworden sind: „Sind Sie damit einverstanden?"

Wann es Zeit ist, sich zu entschuldigen

Eventuell können Sie sich vorher noch entschuldigen. Wenn etwas schiefgegangen ist, kommt das beim anderen oft als Abhebung auf dem Beziehungskonto an. Sich bei Abhebungen zu entschuldigen, ist also immer auch eine Investition auf der Beziehungsebene. Interessanterweise ist die Re-Investition, wenn man einen enttäuschten Kunden wieder zufriedengestellt hat, oft größer als die Abhebung davor. Solche Kunden fühlen sich hinterher oft enger an das Unternehmen (und Sie) gebunden als vorher.

Erfahrungsgemäß verpuffen zu frühe Entschuldigungen oft. Warten Sie also für Ihre Entschuldigung die Phase ab, in der der andere sich schon ein wenig beruhigt hat und schon wieder auf Empfang gestellt hat.

Manche Menschen tendieren dazu, sich mehrmals zu entschuldigen. Es kann jedoch durchaus passieren, dass Ihr Gegenüber nach der dritten Entschuldigung wieder lospoltert. Das zeigt meine Erfahrung aus vielen Kundenorientierungsseminaren. Zu offensive Entschuldigungen werden als eine Einladung in den Problemdenkraum verstanden.

Ständige Unterbrechungen durch Kollegen

Beispiel:

 Bei der Vorstandssitzung: Eine neue Kollegin führt ihre Gedanken und Ideen zu einem anstehenden Projekt aus. Ein bereits etablierter Kollege fällt ihr mehrmals ins Wort und versucht, seine eigenen Gedanken zu platzieren.

Die undiplomatische Klara würde an der Stelle vermutlich mit einem barschen „Jetzt lassen Sie mich doch endlich mal ausreden!" reagieren. Doch wie wirkt solch ein Verhalten? Kämpferisch, aggressiv, wenig souverän. Und – paradoxerweise – bekommt der Kollege dadurch genau die Aufmerksamkeit, die man ihm gerade nicht geben wollte. Zudem verliert man dann unter Umständen auch noch den Faden für die eigene Argumentation. Der freche Kollege hat damit sein Ziel wohl erreicht.

Der diplomatische Georg hingegen schaut ihn kurz aus den Augenwinkeln an, legt ihm beruhigend (und ein wenig dominant) die Hand auf den Unterarm, sagt: „Ich führe den Gedanken gerade noch zu Ende", und setzt seine Ausführungen fort.

Wer von beiden wirkt hier souveräner? Die Antwort liegt auf der Hand ...

Sollten Sie den Moment in der Sitzung verpasst haben und wollen Sie den Kollegen hinterher „ins Gebet nehmen", können Sie dafür die Konfrontationstechnik heranziehen (siehe das Kapitel „Die Konfrontationstechnik"). Sie erinnern sich?

1   Du hast mich vorher in der Sitzung mehrmals unterbrochen.

2   Mit der Konsequenz, dass ich meine Idee nicht so ausführen konnte, wie ich es geplant hatte.

3   Das ärgert mich. Denn es ist mir wichtig, meine Chance, mich zu zeigen, in diesem Rahmen zu nutzen. Zum anderen möchte ich meine guten Ideen auch entsprechend platzieren.

4   Deswegen bitte ich dich, dich in Zukunft zurückzuhalten, mir – wenn du Anmerkungen hast – ein Zeichen zu geben und diese am Ende meines Redebeitrags an den Mann und die Frau zu bringen.

Ein heikles Thema ansprechen

Beispiel:

 Ein Mitarbeiter kommt wiederholt morgens mit einer Alkoholfahne ins Büro. Zusätzlich unterlaufen ihm im Laufe des Tages immer wieder Fehler, die dann bei Ihnen als Beschwerde auf dem Tisch landen. Was tun?

Pseudo-lustige Sprüche wie „Na, gestern wieder einen über den Durst getrunken?", werden vermutlich wenig Wirkung zeigen. Bitten Sie den anderen in solchen für beide Seiten unangenehmen Situationen um ein vertrauliches Gespräch unter vier Augen, und zwar zu einem Zeitpunkt, den er sich aussuchen darf, und in einem geschützten Raum, so dass Sie wenig Gefahr laufen, unterbrochen zu werden. Sie könnten das Gespräch in etwa wie folgt starten.

Beispiel:

„Mensch, Maier, das ist mir jetzt selbst ein bisschen unangenehm. Mir ist in letzter Zeit immer wieder aufgefallen, dass du schon morgens nach Alkohol riechst. Im Prinzip geht mich das vielleicht nichts an, aber dir unterlaufen dadurch immer wieder Fehler, die dann bei mir auf dem Schreibtisch landen. Und ich sitze immer wieder abends länger hier und korrigiere das. Solltest du gerade kurzfristig Schwierigkeiten haben, helfe ich da gerne aus. Mittel- und langfristig bin ich aber nicht bereit, das zu tragen. Ich habe mir auch schon überlegt, den sozialen Dienst einzuschalten. Allerdings fand ich es fairer, dich erst direkt anzusprechen. Und mir wäre es lieber, wenn wir zwei miteinander eine Lösung finden würden. Wie können wir deiner Meinung nach damit umgehen?"

Unangenehme Themen im Berufsalltag, die man am liebsten unter den Teppich kehren würde, gibt es viele. Auch die Kleiderfrage zählt hier dazu. An sich ist es jedermanns höchstpersönliche Angelegenheit, wie er sich kleidet. Verstößt jemand jedoch gegen den im Unternehmen herrschenden Dresscode, kommt man oft um ein Gespräch darüber nicht herum. Auch dies sollte so diplomatisch wie möglich geführt werden.

Beispiel:

Sie haben eine junge, durchaus hübsche Mitarbeiterin, deren Röcke eindeutig zu kurz und deren Ausschnitte definitiv zu tief sind. Auch das Make-up scheint Ihnen einen Tick zu stark aufgetragen. In Ihrer Abteilung haben Sie viel Kundenkontakt. Einen schriftlich fixierten Dresscode gibt es aber nicht. Wie sagen Sie's ihr?

Suchen Sie auch hier ein Vier-Augen-Gespräch im geschützten Rahmen. Sie könnten es diplomatisch so gestalten.

Beispiel:

Liebe Frau ..., ich möchte heute mit Ihnen ein etwas heikles Thema besprechen. Es geht um Ihr Outfit.

Ich schätze durchaus Ihren modischen Ansatz und finde auch, dass es durchaus ästhetisch und adrett ist, wie Sie sich kleiden. Allein, wir sind hier im Büro und haben Kundenkontakt. Da ist es mir als Führungskraft lieber, wenn unsere Kunden weniger durch Ihr hübsches Äußeres abgelenkt und mehr von der Qualität unserer Produkte überzeugt werden. Insofern wäre es mir wichtig, dass Sie sich hier im Büro eher am klassischen Business-Dress-code orientieren. Das heißt, dass der Rock mindestens bis eine Handbreit über dem Knie endet. Bitte halten Sie die Schultern immer bedeckt und das Dekolleté lieber auch hochgeschlossen. Ich biete Ihnen auch gerne an, an einem Seminar „Stil und Etikette" teilzunehmen ... Da fällt mir gerade ein, dass wir das auch für die ganze Abteilung machen könnten.

Können Sie das nachvollziehen und sind Sie damit einverstanden, Ihren Kleidungsstil etwas anzupassen?

Ihr Gegenüber wird emotional

Beispiel:

In einer Teambesprechung machen Sie einen Vorschlag für ein neues Projekt. Der Kollege ist dagegen, mit der Begründung, das würde sowieso nicht klappen. Als Sie leidenschaftlich für Ihr gute Idee argumentieren, flippt er plötzlich völlig aus: „Das ist doch ein völliger Blödsinn! Eine totale Schnapsidee! Wenn das funktionieren würde, wären schon andere darauf gekommen. Da kommt jemand frisch von der Uni angetrabt und meint, er hätte die Weisheit mit Löffeln gefressen ...“

Klara würde ihn vielleicht zurechtweisen: „Jetzt lassen Sie uns gefälligst mal sachlich bleiben! In dem Ton kommen wir ja keinen Schritt weiter. Also beruhigen Sie sich gefälligst."

Diese Ansage wird vermutlich eher das Gegenteil des gewünschten Ergebnisses bewirken.

Georg – oder vielleicht sind Sie ja auch schon selbst so weit – denkt an die Deeskalationsstrategien und sagt: „Oh, ich habe den Eindruck, die Gemüter sind ein wenig erhitzt. Ich fürchte, wenn wir so weiter machen, landen wir tendenziell inhaltlich eher in einer Sackgasse. Deswegen schlage ich vor, dass wir kurz eine Pause machen, vielleicht einen Kaffee trinken und uns hinterher darüber austauschen, was genau an meiner Idee Ihnen wenig praktikabel erscheint, Herr …"

Die rigide Kollegin

Beispiel:

 Sie besprechen in Ihrem Team, wie Sie die Anwesenheit über die Feiertage gestalten wollen. Da Ihre Kollegin schulpflichtige Kinder hat, ist sie der Meinung, dass sie ein „verbrieftes Recht" darauf hat, auch während der gesamten Schulferien Urlaub zu bekommen. Als Sie das Thema besprechen wollen, wird sie rigide und sagt kurz angebunden: „Es gibt Dinge, die muss man nicht besprechen."

Klara wäre vielleicht in einer solchen Situation vor kurzem noch versucht gewesen, zu kontern: „Oh doch, das muss man sehr wohl besprechen! Nur weil du schulpflichtige Kinder hast, heißt das noch lange nicht, dass ich jahrelang über die Feiertage arbeiten muss. Ich sehe das gar nicht ein!"

Nachdem sie aber doch schon ein wenig dazu gelernt hat, bemüht sie sich erst um Empathie, Wertschätzung und Verständnis: „Okay, ich kann nachvollziehen, dass du gerne in den Ferien frei haben möchtest, um möglichst viel Zeit mit deinen Kindern zu verbringen und auch, um deren Versorgung zu gewährleisten ... Andererseits ist es für mich schwierig, das jahrelang zu kompensieren. Vor allem, wenn du das so stillschweigend voraussetzt, fühle ich mich in meinen Bedürfnissen und meinem Bemühen in den letzten Jahren wenig gewürdigt. Insofern wäre es mir wichtig, dass wir uns in Ruhe zusammensetzen und schauen, wie wir das für uns beide möglichst fair und zufriedenstellend lösen können. Was hältst du denn z. B. davon ...."

Unsachliche Kritik vom Chef

Beispiel:

Sie haben eine Präsentation für Ihren Chef genau nach dessen Vorgaben zusammengestellt. Nach seiner Sitzung kommt er zu Ihnen und empört sich: „Sagen Sie mal, was haben Sie sich denn dabei gedacht? 108 PowerPoint-Seiten für eine Präsentation von einer halben Stunde? Wie soll ich das denn schaffen? Soll ich die Leute erschlagen? Das ist nicht machbar und auch nicht sinnvoll. Kann man Ihnen nicht einmal eine Lappalie wie eine Präsentation übertragen? Sind Sie selbst mit solch einer Kleinigkeit schon überfordert?"

Klara hätte noch vor kurzem gegengehalten: „Sagen Sie mal, ich habe genau das gemacht, was Sie von mir verlangt haben! Und überhaupt: In dem Ton können Sie nicht mit mir sprechen." ... und wäre gegangen.

Heute denkt sie kurz nach und sagt dann: „Okay, ich höre, dass Sie mit dem Verlauf der Sitzung unzufrieden waren. Ich bespreche meinen Anteil daran gerne in Ruhe mit Ihnen. Vielleicht wäre es gut, wenn wir uns dafür eine halbe Stunde Zeit nehmen. Wie wäre es zum Beispiel morgen früh um 9 Uhr? Ich sehe gerade in Ihrem Kalender, dass Sie da noch ein Zeitfenster haben." Wenn sich die beiden dann am nächsten Morgen treffen, kann Klara ganz diplomatisch mit der Konfrontationstechnik ins Gespräch einsteigen: "Also, lieber Herr ..., Sie hatten mir ja gestern signalisiert, dass Sie mit der Präsentation nicht zufrieden waren. Für mich war das sehr überraschend, da ich mir sicher war und bin, sie genau nach Ihren Maßgaben erstellt zu haben. Zudem ist es für mich sehr frustrierend, wenn Sie mich und meine Arbeit in einem Atemzug dermaßen in Frage stellen, weil es mir, wie Sie wissen, wichtig ist, immer 1a Arbeit abzugeben und Sie optimal zu unterstützen.

Falls es also inhaltlich Optimierungsbedarf gibt, habe ich jetzt gerne offene Ohren dafür. Was die Form unserer Kommunikation betrifft, wäre es für mich sehr hilfreich, wenn wir da einen anderen Modus finden würden. Haben Sie vielleicht eine Idee, wie ich in so einem Moment auf Sie reagieren kann?

Schlechte Nachrichten überbringen

Schon seit der Antike gibt es jede Menge Beispiele dafür, dass der Überbringer schlechter Nachrichten – quasi stellvertretend für den, der wirklich schuld an der Misere ist – mehr oder weniger symbolisch geköpft wird.

Ganz so dramatisch sind die Auswirkungen heute zwar nicht mehr, wenn wir das Sprachrohr für schlechte Neuigkeiten sind. Es drohen aber Status- und Vertrauensverlust, unangenehme Gespräche, Mehrarbeit (sofern Ihr Adressat Ihnen den Ball gleich zurückspielt und sagt: Na, dann kümmern Sie sich gefälligst darum, dass …) und und und.

Beispiel:

 Der Vorstand hat beschlossen, ein Projekt, in das Sie und Ihr Team viel Zeit, Arbeit und Herzblut investiert haben, einzustampfen. Wie sagen Sie das Ihren Mitarbeitern?

Klara wäre versucht, es folgendermaßen zu tun: „Also Leute, das war ja wieder klar! Die da oben machen eh was sie wollen. Die haben unser Projekt einfach so eingestampft. Mich hat natürlich keiner gefragt, aber so ist es jetzt. Beschweren könnte ihr euch dann bei Herrn Falk und Frau Adler."

Solch eine Ansage hat vermutlich auf die Motivation der Mitarbeiter eher negative Auswirkungen.

Georg hingegen macht sich Gedanken und lädt sein Team zu einer Sondersitzung bei Kaffee und Gebäck ein. Er beginnt in folgendermaßen: "Liebe Mitarbeiter, ich habe heute leider eine schlechte Nachricht zu überbringen. Mir selbst ist das auch unangenehm, aber der Vorstand hat entschieden, dass unser Projekt zurzeit nicht weiter fortgesetzt wird. Die genauen Beweggründe sind mir leider nicht bekannt. Es könnte sich um eine rein strategische Entscheidung halten.

Mir ist es wichtig, mich bei euch für euer Engagement zu bedanken. Damit das nicht alles für die Katz war, würde ich gerne einen Lessons-Learned-Rückblick mit euch machen, um zum einen zu schauen, von welchen Aspekten dieser Arbeit wir auch in anderen Projekten profitieren können, und um zum anderen vielleicht auch zu evaluieren, ob und wie wir in Zukunft rechtzeitig merken können, ob ein Projekt vielversprechend ist oder nicht."

Ganz vermeiden lassen sich negative Folgen schlechter Nachrichten vermutlich nicht, Sie können den Schaden aber in Grenzen halten, wenn Sie diese Punkte beachten:

- Das Beziehungskonto permanent pflegen – Kontakt halten: Wenn Sie regelmäßig auf Ihr Beziehungskonto achten, d. h. immer wieder auch Wert auf Kleinigkeiten legen, Vertrauen herstellen z. B. durch regelmäßige Kommunikation und berechenbare Planung, Ihrem Gegenüber aufrichtiges Verständnis signalisieren, ihm kontinuierlich Empathie, Wertschätzung und Respekt entgegenbringen, ist das die beste Versicherung gegen das Geköpftwerden.

- Transparenz & umfassende Information: Informieren Sie bereits beim Auftauchen erster Signale, dass etwas aus dem Ruder laufen könnte, alle Beteiligten ausführlich.

- Klarheit in der Kommunikation: Wenn das Kind einmal in den Brunnen gefallen ist, hilft alles nichts. Das alles muss ohne Beschönigungen kommuniziert werden.

- Kurz & prägnant: Berichten Sie ohne Schnörkel kurz und verständlich über die Neuigkeiten.

- Sachlich & unaufgeregt bzw. angemessen betroffen & empathisch: Wenn Sie z.B. jemanden entlassen müssen, kann es durchaus angemessen sein, auch Ihre persönliche Betroffenheit zu zeigen.

- Lösungsorientiert: Wenn Sie eine schlechte Nachricht überbringen müssen, puffern Sie das am besten dadurch ab, dass Sie gleich Lösungsmöglichkeiten und Vorschläge mitbringen – damit das Gespräch gar nicht erst im Problemdenkraum landet.

Wie Sie mit Anzüglichkeiten umgehen

Wenn Sie es mit anzüglichen Bemerkungen oder gar sexistischen Übergriffen zu tun haben, bieten sich unterschiedliche Möglichkeiten.

Sie können charmant, aber klar eine Grenze setzen.

Beispiel:

Ein wichtiger Kunde kommt Ihnen in einer Besprechung immer wieder unangenehm nahe und macht Ihnen wiederholt Komplimente zu Ihrem Aussehen. Sie sprechen Ihre Chefin darauf an, die dem Kunden klar sagt, dass er das zu unterlassen habe. Zum nächsten Termin kommt er und schmollt Sie ein bisschen an: „Ich darf mich Ihnen ja nicht mehr nähern". Sie – mit einem charmanten Lächeln – (denn darauf waren Sie vorbereitet ...): „Das ist zu Ihrer eigenen Sicherheit".

Es gibt jedoch Augenblicke, in denen Diplomatie nicht mehr angesagt ist, so z. B. bei sexistischen Übergriffen. Ähnlich wie in der Politik hilft es hier nur noch, alle diplomatischen Beziehungen abzubrechen. Manchmal bleibt dann nur noch der Gang zum Betriebsrat, der Gleichstellungsbeauftragten, der Personalabteilung oder zur Polizei.

Beispiel:

Ein Kollege kommt im Sommer bei Ihnen am Schreibtisch vorbei, fährt Ihnen mit einem Finger am Bein entlang und fragt: „Rasiert?"

Als ein Vorgesetzter Sie auf dem Flur fragt, wie es Ihnen geht, berichten Sie, dass Sie für eine Knieoperation ins Krankenhaus müssen. Mit einem anzüglichen Grinsen sagt er nur: „Zu viel gekniet?"

Wenn zwei sich streiten ...

Wenn zwei sich streiten, ... hängt es sehr davon ab, wer das ist. Haben Sie es mit zwei ranghöheren Alphatieren zu tun, ist es manchmal schlau, sich herauszuhalten. Nur zu oft richtet sich ansonsten deren geballte Energie gegen Sie.

Handelt es sich bei den Streithähnen um Kollegen, können Sie relativ sachlich Ihre Beobachtungen und Befürchtungen kommunizieren: "Mir fällt auf, dass wir hier seit 15 Minuten inhaltlich nicht wirklich weiterkommen und der Ton immer lauter wird. Ich fürchte, wenn wir so fortfahren, gibt es hier bald blutige Nasen. Was haltet ihr deswegen davon, dass wir eine kurze Pause machen oder das Thema eventuell auf morgen vertagen? Wir könnten dann alle nochmal über das, was wir bisher gehört haben, nachdenken, eine Nacht darüber schlafen. Vielleicht zeigen sich ja morgen ganz neue Wege. Seid ihr damit einverstanden?

Persönliche Voraussetzungen

Diplomatisches Verhalten steht und fällt mit dem eigenen Selbstmanagement, Selbstwert und Souveränität. Nur wer in der Lage ist, seine eigenen Gefühle wahrzunehmen und zu managen, kann zielorientiert, klug und umsichtig, also diplomatisch, handeln.

In diesem Kapitel erfahren Sie,

- wie Sie an Ihrem Selbstwert arbeiten und Selbstwerträubern das Handwerk legen,
- wie Sie lernen, die Dinge nicht allzu persönlich zu nehmen,
- warum Sie sich einen inneren Coach zulegen sollten.

Selbstwert und Selbststeuerung

Von einem gesunden Selbstwert sprechen wir dann, wenn jemand sich selbst und seine Gefühle und Bedürfnisse sowie seine Fähigkeiten und Fertigkeiten achtet, schätzt und ihnen Raum gibt. Wir nähern uns dem oft mit der Frage: Wie wichtig nimmst du dich selbst und deine Gefühle? Menschen mit einem geringen Selbstwert banalisieren ihre eigenen Bedürfnisse oft nach dem Motto „Ich wollte ja eigentlich ... aber ist ja nicht so wichtig".

Wir unterscheiden den Selbstwert vom Selbst-Bewusstsein. Selbst-Bewusstsein heißt: Ich bin mir meiner Selbst, meiner Stärken und Schwächen, meiner Muster und Gewohnheiten, meines Denkens und meines Fühlens bewusst. Theoretisch könnte ich mir auch dessen bewusst sein, dass ich einen geringen Selbstwert habe. Dann könnte man von hohem Selbst-Bewusstsein bei niedrigem Selbstwert sprechen. In der Alltagssprache werden die beiden Begriffe oft gleichbedeutend verwendet.

Warum ein hoher Selbstwert wichtig ist

Ein gesunder, möglichst stabiler, hoher Selbstwert ist eine unabdingbare Voraussetzung, um sich diplomatisch verhalten zu können. Denn während an Menschen mit hohem Selbstwert Angriffe einfach abprallen, nehmen andere mit geringem Selbstwert allzu gerne alles persönlich, sind dadurch schnell emotional verwickelt und damit quasi handlungsunfähig.

Um gleich einigen Missverständnissen vorzubeugen:

- Einen hohen Selbstwert zu haben, bedeutet nicht, arrogant oder überheblich zu sein. Im Gegenteil: Erfahrungsgemäß haben Menschen mit hohem Selbstwert eine respektvollere Haltung anderen gegenüber als solche mit geringem Selbstwert.

- Einen hohen Selbstwert zu haben, bedeutet nicht, seine eigenen Macken und Schwächen zu ignorieren. Im Gegenteil: Wer seine Schwächen nicht kennt oder verleugnet, ist an dieser Stelle extrem angreifbar.

- Zu viel Selbstwert zu haben, ist nicht möglich. Die Selbstwert-Skala ist nach oben offen: Je mehr man davon hat, desto gesünder ist es.

Der Nachteil an einem gesunden Selbstwert: Er kann andere stressen – vornehmlich solche Menschen mit geringem Selbstwert, die es dadurch eventuell mit ihrem eigenen Neid zu tun bekommen, oder diejenigen, die gerne Spielchen spielen und manipulieren. Menschen mit einem gesunden Selbstwert sind nämlich wesentlich weniger anfällig für Machtspiele und Manipulationen.

Was unseren Selbstwert beeinflusst

Selbstwert resultiert vor allem aus der Antwort auf die Frage: Wie bewerte ich mich selbst? Diese Bewertung ist von mehreren Faktoren abhängig, so z.B. dem Beziehungsklima, der Kultur und dem Wertesystem, in denen man aufgewachsen ist. Wie wurde mit mir als Kind umgegangen, wenn ich stolz auf mich war? Haben meine Eltern, Geschwister, Großeltern sich mit mir gefreut oder mich stattdessen „zurechtgestutzt", ich solle nicht so angeben? Ist einem das einige Male passiert, hat man gelernt, dass es sich nicht gehört, stolz auf sich selbst zu sein, dass es vielleicht sogar unanständig sein könnte, damit „anzugeben" und sich so in den Mittelpunkt zu stellen. Daraus entstehen meist auf einer unbewussten Ebene Glaubenssätze und Wertesysteme, laut denen es einem dann nicht mehr erlaubt ist, offen stolz auf Erreichtes zu sein. Damit fällt eine wichtige Möglichkeit, Selbstwert aufzubauen, weg.

Wurde man immer wieder, wenn man sagte „ich will", zurechtgewiesen mit Sätzen wie „Sei nicht immer so egoistisch", kann es einem unter Umständen auch als Erwachsener schwer fallen, klar zu artikulieren, was man braucht, geschweige denn zu fordern oder sonst irgendwie gut für sich selbst zu sorgen. Damit versiegt – so man sich nicht systematisch damit auseinandersetzt – eine weitere Quelle für Selbstwertgefühl. Man droht eher in eine Opferhaltung zu fallen, als sein Leben souverän zu gestalten. Nach der Ursprungsfamilie werden solche „Strategien" auch im Freundeskreis, in der Schule und schließlich auch in dem beruflichen Umfeld, in dem man sich bewegt, geprägt.

Beispiel:

 Bewege ich mich z.B. in einem Kontext, in dem Erfolg, Reichtum, Macht und Status anerkannte Werte sind, wird es mir viel leichter fallen, selbst solch ein Verhalten an den Tag zu legen. Viel leichter, als wenn ich mich z.B. in einem sozialen Kontext

> bewege, in dem Geld manchmal eher wenig gewürdigt und das
> Streben nach Macht vielleicht sogar als sehr negativ bewertet ist.

Nicht zuletzt gibt es auch eine kulturelle Komponente: Werden in manchen Kulturen sehr selbstsichere, souveräne Menschen mit Ehrfurcht und Respekt behandelt, sieht man sich als solcher in Deutschland häufig des Vorwurfs ausgesetzt, arrogant und eingebildet zu sein. Einen gesunden, ausbalancierten Selbstwert zu entwickeln, ist hier gar nicht so einfach.

So steigern Sie Ihren Selbstwert

Einen Zugang zu diesen Strategien finden Sie z. B. dann, wenn Sie Ihren eigenen inneren Dialog beobachten. Wie sprechen Sie mit sich selbst über sich selbst? Finden sich da eher Stimmen, mit denen Sie sich selbst abwerten („Ich dumme Kuh, das war ja eh wieder klar, dass ich das nicht hinkriege!"). Solche – oder ähnliche – Strategien sind garantiert geeignet, Ihren Selbstwert sukzessive in den Keller zu scheuchen.

Eine wichtige Quelle von Selbstwert ist es, stolz auf sich selbst zu sein. Das ist in unserer Kultur gar nicht so selbstverständlich. Viele Zeitgenossen sind Experten darin, ihren Fokus auf diejenigen Situationen in ihrem Leben zu richten, die nicht so gut gelaufen sind. Dadurch geht ihr Selbstwert automatisch in gegen Null. Erzielte Erfolge und gute Ergebnisse hingegen werden ignoriert. Probieren Sie einmal Folgendes.

Übung: Ihr Erfolgstagebuch

Legen Sie sich ein Erfolgstagebuch zu. Wenn das zugleich ein Büchlein ist, das Sie besonders hübsch finden – oder es besonders hübsch gestalten – umso besser: Sie haben dann noch mehr Spaß daran, es täglich in die Hand zu nehmen.

Nehmen Sie sich jeden Abend 5 bis 10 Minuten Zeit, alle Ihre Erfolge des Tages aufzuschreiben, und zwar alle und nur die Erfolge. Dazu gehört z. B. jede Situation, in der Sie über Ihren Schatten gesprungen sind, etwas Neues gewagt haben, sich besonders engagiert haben, sich besonders klug, rücksichtsvoll, diplomatisch verhalten haben, in der Sie sich selbst (oder jemand anderen) überrascht haben, in der Sie besonders gut für sich gesorgt haben, besonders nett zu sich oder anderen waren, sich über die Maßen engagiert haben.

Ignorieren Sie großzügig alles, was nicht hundertprozentig geklappt hat – es sei denn, Sie werten dies als Erfolg.

Fangen Sie doch einfach hier gleich an – und beobachten Sie, welche Auswirkung diese Form der Selbstwahrnehmung auf Ihr Wohlbefinden und Ihren Selbstwert hat. Also: Was ist Ihnen heute besonders gut gelungen? Worauf sind Sie stolz? Wofür wollen Sie sich hier mal richtig selbst auf die Schultern klopfen?

Den meisten fällt diese Übung anfangs nicht ganz einfach, weil ihnen gewohnheitsmäßig eher die negativen Geschehnisse in Erinnerung bleiben. Je regelmäßiger Sie diese Übung aber machen, desto leichter fällt es Ihnen zunehmend, da sich Ihre Selbstwahrnehmung Schritt für Schritt ändert. Und irgendwann wird es ganz einfach sein und sogar Spaß machen! Zudem ist dieses Erfolgstagebuch ein Quell des Trostes: Sollten Sie mal einen schlechten Tag haben, hilft ein Blick hinein, um sich wieder Ihrer Stärken bewusst zu werden – Ihr Selbstwert wird es Ihnen danken.

Hinzu kommt, dass der Selbstwert so quasi zu einer sich selbst erfüllenden Prophezeiung wird, denn:

- Wer einen hohen Selbstwert hat, verbucht positive Erlebnisse für sich und sieht sie als Konsequenz seiner eigenen Handlungen. Das wiederum baut weiter Selbstwert auf. Negative Ereignisse werden eher äußeren Faktoren zugeschrieben und stören insofern nicht weiter.

- Menschen mit schwachem Selbstwert funktionieren gerade andersherum: Läuft etwas positiv, führen sie es auf äußere Ursachen oder andere Menschen zurück – keinesfalls auf sich selbst und ihr Zutun – wodurch ihr Selbstwert von allem Positivem in ihrer Umgebung unberührt bleibt. Passiert etwas Negatives, sehen sie sich aber sofort selbst in der Verantwortung, was wiederum einen äußerst negativen Einfluss auf ihren Selbstwert hat: eine Abwärtsspirale.

Jeder bastelt sich also damit durch die Art seiner Wahrnehmung und Zuschreibung seine Wahrheit und seinen Selbstwert selbst zusammen. Die gute Nachricht ist: Wenn der Selbstwert in unserer eigenen Hand liegt, können wir ihn auch verändern – z. B. durch das oben beschriebene Erfolgstagebuch oder indem man seinen sog. Selbstwerträubern (in Anlehnung an das Selbstwerttraining von Dr. Michael Bohne im Rahmen seiner PEP-Ausbildung [Prozess- und Embodi-mentfokussierte Psychologie]) auf die Spur kommt.

Was Sie gegen Selbstwerträuber tun können

Bei den Selbstwerträubern handelt es sich um Gedanken, die unseren Selbstwert schwächen. Das können innere Dia-loge, Stimmen, Angewohnheiten, Denkmuster, Zuschreibun-gen sein, die ganz logischerweise dazu führen, dass der Selbstwert gegen Null tendiert oder sogar darunter dümpelt. Selbstwerträuber sind an sich ganz einfach aufzuspüren: Wenn Sie sie denken, können Sie eine unmittelbare und spontane unangenehme körperliche Reaktion wahrnehmen, wie z. B., dass Sie die Schultern fallen lassen, Sie in sich zusammensacken, Sie zu Boden schauen, Ihnen irgendwie ganz traurig ums Herz wird, Ihre Mimik sich verändert. Solche selbstwertschwächenden Gedanken können z. B. sein:

- „Das war ja eh klar, dass ich das nicht schaffe!"

- „Ich hätte mich halt ein bisschen mehr anstrengen müssen. Jetzt denken die bestimmt, ich hab's gar nicht drauf."

- „Auf mich hört ohnehin keiner – ich bin hier ja völlig un-wichtig."

- „Die anderen sind einfach besser/klüger/fleißiger/geschick-ter als ich!"

- „Ich bin ja selbst schuld, dass ich den Job nicht bekommen habe."

- „Das, was ich gemacht habe, war gar nicht so wichtig und ausschlaggebend."

- „Vielleicht bin ich ja wirklich nicht kompetent genug."

Unser Selbstwert ist ein natürliches Produkt unserer Gedanken, Denkmuster und Wahrnehmungen. Es gibt keinen objektiv feststellbaren Selbstwert, sondern nur eine gefühlte Auswirkung unserer inneren Prozesse auf unser Selbstvertrauen, Wohlbefinden und unsere Selbstakzeptanz. Selbstwert ist auch keineswegs stabil. Man kann in einer Situation einen sehr hohen Selbstwert haben, in einer anderen schrumpft man förmlich in sich zusammen und fühlt sich wie ein Häufchen Elend. Denn: Selbstwert ist immer auch abhängig vom Kontext, vom Gegenüber und von der aktuellen Situation. So kann auch jemand, der an sich einen gesunden Selbstwert hat, durch eine persönliche oder berufliche Krise Selbstwert-Turbulenzen erleben.

Übung: Ihre Selbstwerträuber
1 Denken Sie an eine Situation, in der Sie sich plötzlich schwach, unsicher, unfähig, kleiner oder jünger, als Sie tatsächlich sind, gefühlt haben. In welchem Zusammenhang passiert Ihnen das hauptsächlich? In welchem Rahmen? Gegenüber welchen Personen?
2 Notieren Sie jetzt, durch welche Gedanken, Strategien oder Muster Sie sich in dem Moment selbst die Energie, den Mut und den Selbstwert rauben.

Powersätze

Wenn Sie nun einigen Ihrer Selbstwerträubern auf die Spur gekommen sind, beginnt der eigentliche Spaß. Suchen Sie jetzt zu den selbstwertschwächenden Botschaften positive Gegenbotschaften – Powersätze eben – die Ihnen Kraft geben, die Spaß machen und vor allem sofort spürbar positive Energie bringen. Weil uns da die Werbung sehr starke Vorschläge macht, nennt Dr. Michael Bohne diese Sätze auch „Werbeclaims".

Dann legen Sie mal los! Zur Inspiration hier ein paar Anregungen:

- Wo ich bin, ist vorne!
- Meine Meinung ist Gold wert!
- Weil ich es mir wert bin.
- Ich will so bleiben wie ich bin – ich darf.
- Ab heute zeig ich Kante.
- Ihr werdet mich noch kennenlernen.
- Wer schlau ist, wählt mich.
- Wenn ich an mich denke, geht mir das Herz auf.
- Das hab ich mir verdient.

Wichtig ist, dass die Sätze in einer möglichst bildhaften, emotionalen Sprache formuliert sind und vor allem, dass sie Spaß machen! Und wichtig ist, dass Sie diese neuen Strategien „trainieren". Studien haben gezeigt, dass es gut ist, über einen Zeitraum von zwei Monaten diese neuen Gedanken immer wieder zu lesen, auszusprechen, sich vor Augen zu führen. Suchen Sie sich also einen Weg, wie Sie mindestens zweimal täglich Ihre „Werbeclaims" aktivieren. Langfristig gewöhnt sich das Gehirn an diese neuen Strategien, das Unbewusste nimmt sie auf und Sie werden kontinuierlich Selbstwert aufbauen, der dann – nach und nach – auch in den ursprünglich kritischen Situationen stabil bleibt.

Wenn Sie Lust haben, hier nach neuesten Erkenntnissen der Gehirnforschung zu arbeiten, d.h. ganzheitlich zu lernen und dabei auch den Körper miteinzubeziehen, sei Ihnen an dieser Stelle das Büchlein von Dr. Michael Bohne „Bitte klopfen!" empfohlen.

Die Big-Five-Entwicklungsblockaden

Wenn Ihr Selbstwert hartnäckig niedrig bleibt, könnte es sein, dass Sie die eine oder andere Entwicklungsblockade an Bord haben, die Dr. Michael Bohne (Michael Bohne, „Bitte klopfen", S. 44) als „Big Five" bezeichnet.

1 Selbstvorwürfe

2 Fremdvorwürfe

3 Erwartungshaltung

4 Altersregression (inneres Schrumpfen)

5 Dysfunktionale Loyalitäten

Bei *Selbstvorwürfen* handelt es sich um einen inneren Dialog, bei dem man davon ausgeht, dass man sich in der betreffenden Situation anders verhalten hätte können oder wollen. Dem ist aber nicht so: Hätte man anders gekonnt und/oder gewollt, hätte man das vermutlich auch gemacht. Hier wird spürbar, was es heißt, sich selbst der größte Feind zu sein.

Mit *Vorwürfen, die man jemand anderem macht*, scheint man zwar auf den ersten Blick etwas besser davonzukommen, man macht sich aber bei genauerem Hinschauen selbst zum Opfer und schwächt sich damit wieder selbst und seinen Selbstwert. Wenn z.B. mein Vorgesetzter mich bei einer anstehendend Bewerbung zu Unrecht nicht berücksichtigt hat und ich mich gedanklich in Vorwürfen bade („Das ist total unfair! Der wusste, dass ich jetzt dran gewesen wäre. Er hat mir das versprochen. Das ist so gemein! Aber das war ja wieder klar, dass er seinen Liebling bevorzugt."), dann ist das zwar nachvollziehbar und berechtigt, macht aber vor allem etwas mit mir selbst. Je mehr Raum ich diesen Gedanken gebe, desto schwächer fühle ich mich vermutlich: ärgerlicher zwar, aber gleichzeitig auch hilflos, machtlos und als Opfer. Solche inneren Vorwürfe halten uns von außen betrachtet oft eher in der Passivität. Sie verhindern, dass wir uns aktiv auf den Weg machen, etwas zu ändern, zu fordern oder Konsequenzen zu ziehen. Und auch das schlägt uns dann wieder unmittelbar auf den Selbstwert, weil sich vermutlich gleich noch Selbstvorwürfe dazugesellen.

Der Nachteil von *Erwartungen an jemand anderen* ist, dass die Erfüllung dieser Erwartung außerhalb des eigenen Einflussbereiches liegt. Man macht sich damit also abhängig von einemanderem, der etwas tun oder lassen soll. Unabhängig davon, ob diese Erwartung moralisch gerechtfertigt ist („Man kann ja wohl von dir erwarten, dass du ..."), macht sie etwas Negatives mit uns, mit der Beziehung zum anderen und damit mit unserem Selbstwert.

Das *innere Schrumpfen* (in der Psychotherapie wird das Altersregression genannt) ist ein Zustand, den vermutlich jeder kennt: Plötzlich fühlt man sich kleiner, jünger, unbeholfener, als man es von außen betrachtet und in der Realität ist. Daran gekoppelt ist leider auch ein spontaner Verlust aller Kompetenzen, die man sich in der Zeit zwischen dem gefühlten und dem tatsächlichen Alter angeeignet hat. Oft hilft es in solchen Situationen schon, sich sein tatsächliches Alter bewusst zu machen: „Ich bin 45 und eine gestandene Geschäftsfrau". Wenn wir es mit den dysfunktionalen Loyalitäten zu tun haben, kann es sein, dass man sich aus gefühlter Loyalität zu anderen (Eltern, Geschwistern, Kollegen etc.) nicht erlaubt, erfolgreicher, glücklicher, gesünder zu sein als jene. Das resultiert oft auch aus einer Angst vor Verlust der Zugehörigkeit zu einer Gruppe, einem Clan, einer Clique etc. Fragen Sie sich in solch einem Fall, ob Sie wirklich weiterhin hinter Ihren Potenzialen zurückbleiben wollen, um jene anderen potenziell nicht zu brüskieren.

Souveränität

Der Begriff der Souveränität leitet sich aus dem lateinischen Wort „superanus", das „darüber befindlich, überlegen" bedeutet. In unserem Sprachgebrauch hat er unterschiedliche Facetten:

- Juristen verstehen unter Souveränität die Fähigkeit einer natürlichen oder juristischen Person, rechtlich ausschließlich selbst über sich zu bestimmen.

- Im Völkerrecht bedeutet Souveränität die grundsätzliche Unabhängigkeit eines Staates von anderen Staaten (Souveränität nach außen) und dessen Selbstbestimmtheit in Fragen der eigenen staatlichen Gestaltung (Souveränität nach innen).

Übertragen auf Personen könnte man Souveränität also beschreiben als ihre innere Unabhängigkeit davon, wie andere Menschen sie sehen, sich verhalten, sie bewerten. Umgangssprachlich wird souveränes Verhalten oft mit selbstsicherem Verhalten gleichgesetzt.

Selbstwert und Souveränität hängen eng zusammen. Ein gesunder, stabiler Selbstwert ist die Voraussetzung für souveränes Verhalten – und souveränes Verhalten wiederum ein wichtiger Bestandteil der Diplomatie. Zur Souveränität gehört es vor allem, Äußerungen und Handlungen anderer nicht persönlich zu nehmen. Das ist leichter gesagt als getan, vor allem, weil uns unser Ego dabei oft ganz schön im Weg steht. Abgesehen vom Selbstwerttraining, das im vorhergehenden Kapitel beschrieben wurde, helfen hier oft auch innere Bilder, wie z. B. das, das mir meine Meditationslehrerin Sylvia Kolk dazu einst gab: eine durchlässige Zielscheibe, durch die alle Pfeile, die in unsere Richtung abgeschossen werden, verschwinden. Es ist erstaunlich, welche innere Freiheit sich erschließt, wenn es hier oder da funktioniert.

Andere hilfreiche Bilder können sein:

- ein Schutzschild, wie es das Raumschiff Enterprise umgibt
- eine Teflonschicht, an der alles abperlt
- eine Seifenblase, durch deren Haut nur das durchkommt, was man selbst entscheidet

Ihrer Phantasie sind keine Grenzen gesetzt. Hauptsache, das Bild gefällt Ihnen, Sie können es leicht aktivieren – und es funktioniert.

> Suchen Sie sich ein inneres Bild, das Ihnen hilft, Angriffe nicht persönlich zu nehmen und somit souverän und unabhängig zu bleiben.

Der innere Coach

Eine gute Möglichkeit, sich selbst in puncto Selbstwert und Souveränität zu trainieren, ist, sich einen inneren Coach zuzulegen, der Sie immer begleitet – egal, wo Sie gerade sind. Führen Sie sich dazu eine Person vor Augen – eine real existierende oder auch eine imaginäre aus Film, Fernsehen, Literatur oder Theater – der sie die Eigenschaften der Diplomatie zuschreiben. Ein Vorbild also, bei dessen Anblick Sie immer wieder denken: „Wow, wie hat er oder sie das jetzt wieder hinbekommen?" Einfacher ist es, wenn Sie die Person sympathisch finden und aus dem Grunde Ihres Herzens anerkennen. Von Feinden oder unsympathischen Leuten zu lernen, ist dagegen ungleich schwerer. Stellen Sie sich diese Person oder Figur nun genau vor. Vielleicht gibt es eine typische Körperhaltung, die diese immer einnimmt, Schlüsselworte, die sie immer wieder benutzt, Gesten, einen Gesichtsausdruck etc.

Beispiel:

 Ich nehme hier als Beispiel Nelson Mandela, der in meinen Augen ein großer Diplomat war. Trotz widriger Bedingungen und jahrelanger Haft hat er es geschafft, nicht verbittert oder aggressiv zu werden, sondern immer wieder Brücken zu bauen und im Sinne seines Anliegens lösungsorientiert aktiv zu werden. Wenn ich mir jetzt also Nelson Mandela als Rollenmodell und Vorbild für meine innere Diplomatin nehme, hätte ich vielleicht immer dieses kleine Lächeln auf den Lippen, das ich bei ihm so typisch fand. Außerdem habe ich ihn vor meinem inneren Auge als sehr aufrechten Mann in Erinnerung. Sobald ich mir das vergegenwärtige, richte ich mich auch selbst ein wenig auf.

Rufen Sie sich in kritischen Situationen das Bild dieser Person hervor und fragen Sie sich, was sie jetzt wohl machen, sagen, empfehlen würde.

Suchen Sie sich eine Person, die für Sie ein Vorbild im Hinblick auf diplomatisches Verhalten ist und etablieren Sie sie als „inneren Diplomatie-Coach". Fragen Sie sich immer wieder: Was würde XY jetzt machen?

Auf einen Blick: Persönliche Voraussetzungen

- Nur wer über einen gesunden, möglichst stabilen, hohen Selbstwert verfügt, kann sich diplomatisch verhalten. An Menschen mit hohem Selbstwert prallen Angriffe eher ab. Sie bleiben damit auch in schwierigen Situationen handlungsfähig.

- Auch souveränes Verhalten ist eine wichtige Voraussetzung für Diplomatie. Souveräne Menschen sind nicht von den Meinungen und Stimmungen anderer abhängig.

- Eine gute Möglichkeit, sich selbst in puncto Selbstwert und Souveränität zu trainieren, ist, sich einen inneren Coach zuzulegen, der Sie immer begleitet und als Vorbild fungiert.

Bausteine der Diplomatie

Neben den tragenden Pfeilern der richtigen Kommunikation, der Wertschätzung und der Empathie für andere, gibt es noch weitere kleinere Bausteine, die für das diplomatischen Brückenschlagen wichtig sind.

In diesem Kapitel erfahren Sie u.a.,

- warum nur derjenige ein guter Diplomat ist, der sich glaubwürdig präsentiert,
- wie Sie sich mit Lobbyarbeit das Leben erleichtern,
- warum es auch auf Stil und Etikette ankommt.

Rhetorik

Die Rhetorik, bereits in der Antike beschrieben als die Kunst der wirkungsvollen Rede, bietet wertvolle Anhalts- und Orientierungspunkte für diplomatisches Verhalten.

Zwei der wichtigsten Aspekte in der Rhetorik sind die Theorien des äußeren und inneren Aptums, der äußeren und inneren Angemessenheit.

- Die innere Angemessenheit bedeutet dabei, dass die Art und Weise, wie gesprochen oder geschrieben wird, in der Wortwahl, dem Satzbau, den zusätzlichen Elementen wie Beispielen, Bildern und Metaphern sowie dem Aufbau des Beitrages dem Inhalt des Gesagten angemessen sein soll.

- Das äußere Aptum betrachtet die Angemessenheit in Bezug auf den Kontext: Mit wem spreche oder an wen schreibe ich? In welchem Rahmen? Zu welchem Zeitpunkt? An welchem Ort? Wer ist der Redner? In welcher Beziehung steht er zu den Zuhörern oder Adressaten? Was ist das Ziel der Rede?

Beispiel:

Wer seine Mitarbeiter in der Produktion dazu bewegen möchte, Überstunden zu machen, wird sie nur müde abwinken sehen, wenn er mit großer Geste und salbungsvollem Unterton beginnt: „Meine sehr verehrten Damen und Herren! Ich habe Sie hier zusammengerufen, um mit Ihnen über die aktuelle Auslastungssituation unseres Unternehmens zu diskutieren ..." – spätestens nach so einem Satz haben 90 % der Zuhörer abgeschaltet. Die Rede verpufft und wird wirkungslos bleiben.

> Wer andererseits in einem Gremium von Vorständen und Aufsichtsräten zu hemdsärmelig daherkommt und seinen Redebeitrag beginnt mit: „Uns allen hier ist ja klar, dass wir die Gürtel enger schnallen müssen ...", wird vermutlich mit seinem Anliegen scheitern.

Wenn Sie also diplomatisch wirkungsvoll sein möchten, ist es durchaus zielführend, wenn Sie sich im Vorfeld Gedanken dazu machen, wie Sie Ihr Anliegen so formulieren, dass es den Aspekten der äußeren und inneren Angemessenheit entspricht. Dadurch können Sie möglichst gut an den Lebensalltag Ihrer Gegenüber andocken. Damit wird die Wahrscheinlichkeit, dass Sie auf eine geschmeidige Art ans Ziel kommen, größer.

Ethik

Auch die Ethik spielt eine wichtige Rolle in der Diplomatie. Bereits Quintilian, einer der bedeutendsten Rhetoriklehrer der Antike, proklamierte Ende des 1. Jahrhunderts nach Christus, dass ein guter Redner nur derjenige sein könne, der auch ein guter Mensch ist – wobei „gut" hier gemeint ist im Sinne von moralisch integer. Aristoteles nahm in Bezug auf Ethik folgende Unterscheidungen vor:

- Der *ethos* beschreibt die Glaubwürdigkeit des Redners. Nur ein Redner, den die Zuhörer als ethisch und glaubwürdig empfinden, wird sie auch überzeugen können. Übersetzt für Diplomatie bedeutet das: Wenn Sie als eine diplomatische Person wahrgenommen werden wollen, ist es wichtig, dass Ihr Umfeld weiß, für welche Werte Sie stehen und dass man sich dahingehend auf Sie verlassen kann. Besonders wichtig sind hier Authentizität (Werden Sie als glaubwürdig, echt und aufrichtig wahrgenommen?), Loyalität und Integrität. Kurz: Weiß man bei Ihnen, woran man ist? Das bedeutet nicht, frei von Ecken und Kanten zu sein, sondern aufrichtig, ehrlich und vielleicht auch selbstkritisch.

- Der *pathos* bezieht sich auf den emotionalen Zustand der Zuhörer. Die Frage ist hier, nimmt man Ihnen Ihre Gefühle als echte Gefühle ab? Sind Sie emotional transparent? Schaffen Sie es, auch bei Ihrem Gegenüber echte Gefühle anzusprechen oder diese zu erkennen?

- Der *logos* schließlich ist die Quelle der logischen Argumente. Ihr Gegenüber prüft sicher auch die Stichhaltigkeit und logische Konsequenz Ihrer Aussagen. Sollten Sie an dieser Stelle versuchen, andere auszutricksen oder Aspekte zu verheimlichen – und kommt man Ihnen auf die Spur – schadet das Ihrer Glaubwürdigkeit gewaltig.

Als kluge Diplomaten werden Sie all diese Aspekte mit in die Art und Weise Ihres Vorgehens einfließen lassen.

Lobbyarbeit

Vor allem, wenn Sie sich in ein politisches Umfeld begeben, kommen Sie um Lobbyarbeit nicht herum. Es haben sich schon viele Leute mit guten Argumenten, aber mangelndem Rückhalt von bedeutenden Gruppierungen die Zähne ausgebissen –

während andere mit viel weniger stichhaltigen Argumenten, aber wirksamer Lobbyarbeit ihre Interessen ganz geschmeidig durchbekamen. Im politischen Umfeld wird hier oft ein Engagement in Vereinen und anderen Organisationen erwartet.

Im betrieblichen Kontext kann es durchaus nützlich sein, in Sportgruppen aktiv zu sein, an Firmenläufen teilzunehmen, sich einem Stammtisch anzuschließen oder einen Betriebsausflug zu organisieren. Ebenso eignen sich fachübergreifende Arbeitsgruppen, Gremien oder öffentliche Auftritte bei Kongressen, um sein Netzwerk zu erweitern.

Übung: Wie können Sie Ihr Netzwerk erweitern?

Nehmen Sie sich ein bisschen Zeit und machen Sie sich Gedanken über die folgenden Fragen: Wo werden in Ihrem Umfeld wichtige Netzwerke gebildet? Wo können Sie – mit Freude und Spaß – Kontakte über Ihr normales tägliches Umfeld hinaus knüpfen? Bei welchen „Sonderaufgaben" kämen Sie in Kontakt mit Leuten, an die Sie sonst eher schwerer herankommen?

Stil & Etikette

Zur Diplomatie gehört es auch, vertraut zu sein mit Fragen des Stils und der Etikette. Wer diese Regeln nicht beherrscht, riskiert, andere Menschen vor den Kopf zu stoßen – und das wäre so gar nicht im Sinne diplomatischen Verhaltens. Besonders wichtig werden diese Aspekte, wenn Sie sich in fremden Kulturkreisen bewegen, mit deren Sitten und Gebräuchen sie nicht vertraut sind. Hier kann bereits das Essen

mit der „falschen" Hand oder auch nur das Übereinander-
schlagen der Beine negativ auf andere wirken.

Zur Business-Etikette gibt es eigens Seminare und Ratgeber
(siehe z. B. den TaschenGuide „Business-Knigge"), die Antworten geben auf die kniffligen Fragen des richtigen Benehmens,
z. B.: Wer begrüßt wen wann wie? Wer stellt wen wem vor?
Wer geht zuerst durch die Tür? Sagt man jetzt noch „Gesundheit", wenn ein anderer niest?

In diesem Rahmen gilt es auch, sich Gedanken über Kleidung,
Make-up und Frisur zu machen. Mir wurde mal gesagt, dass
es für Frauen im Business-Alltag unschicklich und unpro-
fessionell sei, die Haare offen zu tragen. Ich weiß aber auch,
dass manche Frauen ganz bewusst damit spielen, offene
Haare zu haben. Auch wenn Männer an der Stelle weniger
Spielraum haben, können sie ihr Gegenüber sehr brüskieren,
wenn sie overdressed sind. Umgekehrt wirken sie eher als
schwacher Gesprächspartner, wenn sie underdressed sind. Der
Vorteil der Männer ist, dass sie sich schneller anpassen
können: Die Krawatte ist leicht gelöst, das Jackett schnell
aus- oder angezogen.

Egal ob Frau oder Mann: Wenn Sie ab und zu unerwartet zu
wichtigen Besprechungen gerufen werden, empfiehlt es sich,
immer ein geeignetes Sakko, einen Blazer und eventuell sogar
Schuhe im Schrank zu haben.

> Wichtig ist, dass Sie die Regeln kennen – damit Sie sie zu geeigneter Zeit
> bewusst auch übertreten können.

Literatur

Bohne, Michael: Bitte klopfen! Anleitung zur emotionalen Selbsthilfe, 2011.

Bohne, Michael: Klopfen mit PEP. Prozess- und Embodiment-fokussierte Psychologie in Therapie und Coaching, 2013.

Covey, Stephen R.: Die sieben Wege zur Effektivität, 2005.

Dölz, Susanne/Kauffmann, Carmen: Sich durchsetzen, 2012.

Etrillard, Stéphane: Mit Diplomatie zum Ziel. Wie gute Beziehungen Ihr Leben leichter machen, 2013.

Gordon, Thomas: Das Gordon-Modell, 1989.

Heim, Vera/Lindemann, Gabriele: Erfolgsfaktor Menschlichkeit: Wertschätzend führen – wirksam kommunizieren. Ein Praxis-Handbuch, 2010.

Radecki, Monika: Nein sagen. Die besten Strategien, 2010.

Rosenberg, Marshall: Gewaltfreie Kommunikation. Aufrichtig und einfühlsam miteinander sprechen, 2003.

Schachtner, Hans-Ulrich: Frech, aber unwiderstehlich! Der magische Kommunikationsstil. Mit Charme, Witz und Weisheit im Alltag, im Beruf und in der Liebe, 2009.

Impressum

Bibliografische Information der Deutschen Nationalbibliothek Die Deutsche Nationalbibliothek verzeichnet diese Publikation in der Deutschen Nationalbibliografie;
detaillierte bibliografische Daten sind im Internet über http://dnb.dnb.de abrufbar.

Print: ISBN: 978-3-648-06512-9   Bestell-Nr.: 10706-0001
ePub: ISBN: 978-3-648-06514-3   Bestell-Nr.: 10706-0100
ePDF: ISBN: 978-3-648-06515-0   Bestell-Nr.: 10706-0150

Carmen Kauffmann
Diplomatie im Alltag
1. Auflage 2015, Freiburg

© 2015, Haufe-Lexware GmbH & Co. KG, Munzinger Straße 9, 79111 Freiburg
Redaktionsanschrift: Fraunhoferstraße 5, 82152 Planegg/München
Telefon: (089) 895 17-0
Telefax: (089) 895 17-290
Internet: www.haufe.de
E-Mail: online@haufe.de
Redaktion: Jürgen Fischer
Redaktionsassistenz: Christine Rüber

Konzeption, Realisation und Lektorat: Nicole Jähnichen, www.textundwerk.de
Satz: Beltz Bad Langensalza GmbH, 99947 Bad Langensalza
Umschlag: Kienle gestaltet, Stuttgart
Druck: freiburger graphische betriebe, 79108 Freiburg

Die Autorin

Carmen Kauffmann

Magister Artium der Rhetorik und Kulturwissenschaften, ist seit 1995 selbstständig tätig als systemische Beraterin und Coach sowie als Trainerin von Mitarbeitern und Führungskräften. Auch Politiker kommen zu ihr ins Coaching. Sie bietet Seminare zu den Themen Kommunikation, Verhandlung, Machtspiele, Diplomatie und Führung an und hat sich auf das Thema „Frauen in Führung" spezialisiert. Zu den Kunden ihres Instituts „Coaching und Kommunikation" gehören zahlreiche namhafte Unternehmen.

www.carmen-kauffmann.de

Weitere Literatur

„Auftanken im Alltag", von Vera Heim und Gabriele Lindemann, 128 Seiten, EUR 6,90, ISBN 978-3-648-04565-7, Bestell-Nr. 01361

„Gewaltfreie Kommunikation", von Andreas Basu und Liane Faust, 128 Seiten, EUR 6,90, ISBN 978-3-648-04700-2, Bestell-Nr. 00340